凝煉知識品味閱讀

$$\begin{cases} x+2y-3z=0 \\ 2x+5y+2z=0 \\ 3x-y-4z=0 \end{cases} \Rightarrow \begin{cases} x+2y-3z=0 \\ y+8z=0 \\ -7y+5z=0 \end{cases} \Rightarrow \begin{cases} x+2y-3z=0 \\ y+8z=0 \\ 61z=0 \end{cases}$$

$$\begin{cases} x+2y-z=0 \\ 2x+5y+2z=0 \\ x+4y+7z=0 \\ x+3y+3z=0 \end{cases} \Rightarrow \begin{cases} x+2y-z=0 \\ y+4z=0 \\ 2y+8z=0 \\ y+4z=0 \end{cases} \Rightarrow \begin{cases} x+2y-z=0 \\ y+4z=0 \end{cases}$$

第一次學 工程數學就上手(3)

線性代數

林振義 著

五南圖書出版公司 印行

序言

我利用「SOP 閃通教學法」教我們系上的工程數學課，學生普遍反應良好。學生在期末課程問卷上，寫著「這堂課真的幫了大家不少，以為工數很難，但在老師的教導下，工數就跟小學的數學一樣的簡單，這真的都是拜老師所賜的呀！」「老師很厲害，把一科很不容易學會的科目，一一講解的很詳細。」「老師謝謝您，讓我重新愛上數學。」「高三那年我放棄了數學，自從上您的課後，開始有了變化，而且還有教學影片可以在家裡複習，重點是上課也很有趣。」「一直以來我的數學是學過就忘，難得有老師可以讓我學之後記得那麼久的。」「老師讓工程數學變得非常簡單。」我們的前工學院李院長（目前任教於中山大學）說：「林老師很不容易，將一科很硬的科目，教得讓學生滿意度那麼高。」

我也因而得到了：教育部 105 年師鐸獎、第十屆（2022 年）星雲教育獎、明新科大 100、104、107、109、111 學年度教學績優教師、技職教育熱血老師、私校楷模獎等。我的上課講義《微分方程式》、《拉普拉斯轉換》，分別申請上明新科大 104、105 年度教師創新教學計畫，並獲選為優秀作品。

很多理工商科的基本計算題，如：微積分、工程數學、電路學等，有些人看到題目後，就能很快地將它解答出來，這是因為很多題目的解題方法，都有一個標準的解題流程〔註〕（SOP，Standard sOlving Procedure），只要將題目的數據帶入標準解題流程內，就可以很容易地將該題解答出來。

現在很多老師都將這標準解題流程記在頭腦內，依此流程解題給學生看。但並不是每個學生看完老師的解題後，都能將此解題流程記在腦子裡。

SOP 閃通教學法是：若能將此解題流程寫在黑板上，一步一步的引導學生將此題目解答出來，學生可同時用耳朵聽（老師）解題步驟、用眼睛看（黑板）解題步驟，則可加深學生的印象，學生只要按圖施工，就可以解出相類似的題目來。

SOP 閃通教學法的目的就是要閃通，是將老師記在頭腦內的解題步驟用筆寫出來，幫助學生快速的學習，就如同：初學游泳者使用浮板、初學下棋者使用棋譜、初學太極拳先練太極十八式一樣，這些浮板、棋譜、固定的太極招式都是為了幫助初學者快速的學會游泳、下棋和太極拳，等學生學會了後，浮板、棋譜、固定的太極招式就可以丟掉了。SOP 閃通教學法也是一樣，學會後 SOP 就可以丟掉了，之後再依照學生的需求，做一些變化題。

有些初學者的學習需要藉由浮板、棋譜、SOP 等工具的輔助，有些人則不需要，完全是依據每個人的學習狀況而定，但最後需要藉由工具輔助的學生，和不需要工具輔助的學生都學會了，這就叫做「因材施教」。

我身邊有一些同事、朋友，甚至 IEET 教學委員們直覺上覺得數學怎能 SOP？老師們會把解題步驟（SOP）記在頭腦內，依此解題步驟（SOP）教學生解題，我只是把解題步驟（SOP）寫下來，幫助學生學習，但我的經驗告訴我，對我的學生而言，寫下 SOP 的教學方式會比 SOP 記在頭腦內的教學方式好很多。

我這本書就是依據此原則所寫出來的。我利用此法寫一系列的數學套書，包含有：

1. 第一次學微積分就上手
2. 第一次學工程數學就上手 (1)—微積分與微分方程式
3. 第一次學工程數學就上手 (2)—拉氏轉換與傅立葉
4. 第一次學工程數學就上手 (3)—線性代數
5. 第一次學工程數學就上手 (4)—向量分析與偏微分方程式
6. 第一次學工程數學就上手 (5)—複變數
7. 第一次學機率就上手
8. 工程數學 SOP 閃通指南（為《第一次學工程數學就上手》(1)～(5) 之精華合集）
9. 大學學測數學滿級分 (I)(II)
10. 第一次學 C 語言入門就上手

它們的寫作方式都是盡量將所有的原理或公式的用法流程寫出來，讓讀者知道如何使用此原理或公式，幫助讀者學會一門艱難的數學。

最後，非常感謝五南圖書股份有限公司對此書的肯定，此書才得以出版。本書雖然一再校正，但錯誤在所難免，尚祈各界不吝指教。

林振義

email: jylin @ must.edu.tw

註：數學題目的解題方法有很多種，此處所說的「標準解題流程（SOP）」是指教科書上所寫的或老師上課時所教的那種解題流程，等學生學會一種解題方法後，再依學生的需求，去了解其他的解題方法。

教學成果

1. 教育部 105 年**師鐸獎**（教學組）。
2. 星雲教育基金會第十屆（2022 年）星雲教育獎**典範教師獎**。
3. 教育部 104、105 年全國大專校院社團評選**特優獎**的社團指導老師（熱門音樂社）。
4. 國家太空中心 107、108、109、110、112 年**產學合作計畫主持人**。
5. 參加 100、104 年**發明展**（教育部館）
6. 明新科大 100、104、107、109、111 學年度**教學績優教師**。
7. 明新科大 110、111、112 年特殊優秀人才**彈性薪資**。
8. 獲邀擔任化學工程學會 68 週年年會工程教育論壇講員，演講題目：**工程數學 SOP+1 教學法**，時間：2022 年 1 月 6~7 日，地點：高雄展覽館三樓。
9. 獲選為技職教育**熱血老師**，接受蘋果日報專訪，於 106 年 9 月 1 日刊出。
10. 107 年 11 月 22 日執行**高教深耕計畫**，同儕觀課與分享討論（主講人）。
11. 101 年 5 月 10 日學校指派出席龍華科大校際**優良教師觀摩講座**主講人。
12. 101 年 9 月 28 日榮獲**私校楷模獎**。
13. 文章「**SOP 閃通教學法**」發表於師友月刊，2016 年 2 月第 584 期 81 到 83 頁。
14. 文章「**談因材施教**」發表於師友月刊，2016 年 10 月第 592 期 46 到 47 頁。

讀者的肯定

有五位讀者肯定我寫的書，他們寫email來感謝我，內容如下：

(1) 讀者一：

(a) Subject：第一次學工程數學就上手 6

林教授，

您好。您的「第一次學工程數學就上手」套書很好，是學習工程數學的好教材。

想請問第 6 冊機率會出版嗎？什麼時候出版？

(b) 因我發現它是從香港寄來的，我就回信給他，內容如下：

您好

1. 感謝您對本套書的肯定，因前些日子比較忙，沒時間寫，機率最快也要 7 月以後才會出版
2. 請問您住香港，香港也買的到此書嗎？

謝謝

(c) 他再回我信，內容如下：

林教授，

是的，我住在香港。我是香港城市大學電機工程系畢業生。在考慮報讀碩士課程，所以把工程數學溫習一遍。

在香港的書店有「第一次學工程數學就上手」的套書，唯獨沒有「6 機率」。因此來信詢問。希望 7 月後您的書能夠出版。

(2) 讀者二：

標題：林振義老師你好

林振義老師你好，出社會許多年的我，想要準備考明年的研究所考試。

就學時，一直對工程數學不擅長，再加上很久沒念書根本不知道從哪邊開始讀起。

因緣際會在網路上看到老師出的「第一次學工程數學就上手」系列，翻了幾頁覺得很有趣，原來工數可以有這麼淺顯易懂的方式來表達。

然後我看到老師這系列要出四本，但我只買到兩本所以我想問老師，3 的線代跟 4 的向量複變什麼時候會出，想早點買開始準備

謝謝老師

(3) 讀者三：

標題：SOP 閃通讀者感謝老師

林教授 您好，

感謝您，拜讀老師您的大作，SOP 閃通教材第一次學工程數學系列，對個人的數學能力提升，真的非常有效，超乎想像的進步，在此　誠懇　感謝老師，謝謝您～

(4) 讀者四：

標題：第一次學工程數學就上手

林老師，您好

我是您的讀者，對於您的第一次學工程數學就上手系列很喜歡。請問第四冊有預計何時出版嗎？

很希望能夠儘快拜讀，謝謝。

(5) 讀者五：

標題：老師您好

老師您好

因緣際會買了老師您的，第一次學工程數學就上手的 1 2

覺得書實在太棒了！

想請問老師 3 和 4，也就是線代和向量的部分，書會出版發行嗎？

目錄

第 5 篇

線性代數

加布里爾·克拉瑪（Gabriel Cramer）

瑞士數學家，先後當選爲倫敦皇家學會、柏林研究院和法國、義大利等學會的成員。首先定義了正則、非正則、超越曲線和無理曲線等概念，第一次正式引入座標系的縱軸（Y 軸），然後討論曲線變換，並依據曲線方程的階數將曲線進行分類。爲了確定經過 5 個點的一般二次曲線的係數，應用了著名的被後世稱爲「克拉瑪法則」的方法，即由線性方程組的係數確定方程組的解的方法。他最著名的工作是在 1750 年發表關於代數曲線方面的權威之作，最早證明一個第 n 度的曲線是由 $n(n+3)/2$ 個點來決定的。

線性代數簡介

線性代數（Linear algebra）對於幾乎所有數學領域都是至關重要的。例如，線性代數是幾何學的現代表示法的基礎，包括基本名詞（如直線，平面和旋轉）用線性代數的向量和矩陣來定義。而且，泛函數分析（functional analysis）基本上可以看作是線性代數在泛函數空間中的應用。

線性代數的方法還用在解析幾何、工程、物理、自然科學、計算機科學、計算機動畫和社會科學（尤其是經濟學）中。由於線性代數是一套完善的理論，非線性數學模型通常可以被近似爲線性模型。

本線性代數書的內容包含有：線性方程式、矩陣、行列式、向量與向量空間、維度與基底、線性映射和特徵值與特徵向量等單元，它已包含大部分基本線性代數的內容了。

第 1 章　線性方程式

1.1 線性方程組

1.【線性方程式】線性方程式的形式是

$$a_1x_1 + a_2x_2 + \cdots + a_nx_n = b，$$

式中 a_i，$b \in R$，x_i 是未知數、a_i 是 x_i 的係數、b 是方程式的常數。

註：x_i 是一次式，且 x_i、x_j 彼此間沒有相乘

2.【線性方程式的解】若有一組數值（$k_1, k_2, \cdots\cdots, k_n$）分別代入未知數（$x_1, x_2, \cdots\cdots, x_n$）內，使得方程式

$$a_1k_1 + a_2k_2 + \cdots + a_nk_n = b$$

成立，則（$k_1, k_2, \cdots\cdots, k_n$）就稱爲此線性方程式的解。

例 1 線性方程式 $x + 2y - z + w = 5$，請問：

(1) (2,1,0,1) 是否爲其一個解？

(2) (0,0,0,0) 是否爲其一個解？

解 (1) 將 (2,1,0,1) 代入線性方程式內，

$2 + 2 \cdot 1 - 0 + 1 = 5$ 其值等於 5，

所以 (2,1,0,1) 是其一個解。

(2) 將 (0,0,0,0) 代入線性方程式內，

$0 + 2 \cdot 0 - 0 + 0 = 0$ 其值不等於 5，

所以 (0,0,0,0) 不是其一個解。

3.【線性方程組】考慮含有 n 個未知數（$x_1, x_2, \cdots\cdots, x_n$）的一組 m 個線性方程式：

$$a_{11}x_1 + a_{12}x_2 + \cdots + a_{1n}x_n = b_1$$
$$a_{21}x_1 + a_{22}x_2 + \cdots + a_{2n}x_n = b_2$$
$$\cdots\cdots\cdots\cdots$$
$$a_{m1}x_1 + a_{m2}x_2 + \cdots + a_{mn}x_n = b_m$$

式中，$a_{ij}, b_i \in R$，

(1) 若 $(k_1, k_2, \cdots\cdots, k_n)$ 滿足每個方程式，則稱 $(k_1, k_2, \cdots\cdots, k_n)$ 是此方程組的一個解；

(2) 所有這些解所成的集合，稱爲解集合（Solution set）；

(3) 如果線性方程式的常數 b_1、b_2、……、b_m 都是零，此方程組稱爲線性齊次（Homogeneous）方程組；

(4) 線性齊次方程組一定有一組「零」的解，即 x_i 全部是 0 的解，此組解稱爲明顯解（Trival solution）；若它還有其他解存在，這些解稱爲非明顯解（Nontrival solution）。

例 2 線性方程組 $\begin{cases} x+2y-3z=0 \\ 2x+y+z=0 \\ 3x-y-z=0 \end{cases}$ 一定有一解，請問此解爲何？

解 （0,0,0）為其解

例 3 (1,2,1) 是否爲線性方程組 $\begin{cases} x+2y-z=4 \\ 2x+y+z=5 \\ x-2y+z=0 \end{cases}$ 的解？

解 將 (1,2,1) 代入線性方程組內，

$$\Rightarrow \begin{cases} 1+2\cdot 2-1=4 \\ 2\cdot 1+2+1=5 \\ 1-2\cdot 2+1\neq 0 \end{cases},$$

只要有一個等式不成立，(1,2,1) 就不是此線性方程組的解。

1.2 求線性方程組的解

4.【高斯消去法】以後會介紹多種方法來求出線性方程組的解，此處將介紹其中一種方法，就是用「高斯消去法」來求解，其步驟如下：

步驟 1：交換其中的二（橫）列（Row）方程式，使得第一個方程式內的第一個未知數 x_1 的係數不爲 0，即 $a_{11}\neq 0$（若 a_{11} 已不爲 0，就不需要做此步驟）；

步驟 2：對於每一個 $i>1$，利用 $\dfrac{-a_{i1}}{a_{11}}$ 乘上第一個方程式再加到第 i 個方程式，也就是要將第二個方程式以後的 x_1 的係數消爲 0。此時方程組變成：

$$a_{11}x_1 + a_{12}x_2 + \cdots + a_{1n}x_n = b_1$$
$$a'_{22}x_2 + \cdots + a'_{2n}x_n = b'_2$$
$$\cdots\cdots\cdots\cdots$$
$$a'_{m2}x_2 + \cdots + a'_{mn}x_n = b'_m$$

重複上面步驟，消去第三個方程式以後的 x_2 係數，……。最後會變成下面三種形況：

(1) 若出現 $0 \cdot x_1 + 0 \cdot x_2 + \cdots\cdots + 0 \cdot x_n = b$，且 $b \neq 0$，則此線性方程組無解；

(2) 若出現 $0 \cdot x_1 + 0 \cdot x_2 + \cdots\cdots + 0 \cdot x_n = b$，且 $b = 0$，則此方程式可刪除，不會影響所求出的解；

(3) 最後會化簡成下面形式的方程組：

$$a_{11}x_1 + a_{12}x_2 + \cdots + a_{1n}x_n = b_1$$
$$a_{2(j_2)}x_{j_2} + a_{2(j_2+1)}x_{(j_2+1)} + \cdots + a''_{2n}x_n = b''_2$$
$$\cdots\cdots\cdots\cdots$$
$$a_{r(j_r)}x_{j_r} + a_{r(j_r+1)}x_{(j_r+1)} + \cdots + a''_{rn}x_n = b''_r$$

其中 $1 < j_2 < \cdots\cdots < j_r$，

最後的共有 r 組線性方程式，n 個變數。

5.【呈現階梯形狀】可以把化簡後的方程組（上面第 (3) 點的結果）稱爲「呈現階梯形狀」。

6.【線性方程組的列等價】線性方程組經過消去法的每個動作做完後，其解均是相同的，此稱爲線性方程組的列等價（Row equivalent）。

7.【自由變數】在「呈現階梯形狀」的方程組中，任何沒出現在開頭的未知數 x_i，稱爲「自由變數（Free variable）」。

例 4 求呈現階梯形狀方程組 $\begin{cases} x+2y+3z=7 \\ \quad y+z+w=6 \\ \qquad\quad w=4 \end{cases}$

有幾個自由變數？變數名稱爲何？

解 沒出現在開頭的未知數只有一個，是 z 變數，
所以此方程組有 1 個自由變數，變數名稱為 z。

例 5 求呈現階梯形狀方程組 $\begin{cases} x+2y+3z+0w+2t=7 \\ \quad y+z+w+0t=6 \\ \qquad\quad w=4 \end{cases}$

有幾個自由變數？變數名稱爲何？

解 沒出現在開頭的未知數有二個，是 z 和 t 變數，
此方程組有 2 個自由變數，變數名稱為 z 和 t。

8.【線性方程組的解（一）】若呈現階梯形狀方程組有 r 組線性方程式，n 個變數，則其解有下列二種形況：

(1) $r=n$：即方程式的數目和未知數的數目相同，此線性方程組恰有一解；

(2) $r<n$：即方程式的數目比未知數的數目還要少，則此線性方程組有 $(n-r)$ 個自由變數。自由變數的意思是可指定任何實數值，都是此方程組的解，也就是說，此方程組有無窮多組解。

（註：不可能發生 $r>n$ 的情況）

9.【線性方程組的解（二）】呈現階梯形狀方程組的解，可用下法求得：

(1) 若有自由變數，則將每個自由變數指定一個不同的變數名稱，其可以是任何實數值；

(2) 先求出階梯形狀方程組的最底下一個方程式的未知數的解；

(3) 再依序往上求出其他未知數的解。

例 6 求呈現階梯形狀方程組的解 $\begin{cases} x+2y+3z+2t=7 \\ y+z+2w+t=6 \\ w+2t=4 \end{cases}$

解 (1) 此方程組有二個自由變數，分別是 z 和 t

令 $z=a$、$t=b$，其中 $a, b \in R$

(2) 由最底下一個方程式 $w+2t=4 \Rightarrow w=4-2t$（$t$ 用 b 代入）

$\Rightarrow w=4-2b$

(3) 由倒數第二個方程式 $y+z+2w+t=6$

$\Rightarrow y=6-z-2w-t$（將 z, w 代入）

$\Rightarrow y=6-a-2(4-2b)-b \Rightarrow y=-2-a+3b$

(4) 由第一個方程式 $x+2y+3z+2t=7 \Rightarrow x=7-2y-3z-2t$

$\Rightarrow x=7-2(-2-a+3b)-3a-2b=11-a-8b$

(5) 解為：$x=11-a-8b$、$y=-2-a+3b$、$z=a$、

$w=4-2b$、$t=b$，其中 $a, b \in R$

例 7 求$\begin{cases} x+2y+3z=7 \\ 2x+y+z=6 \\ 3x-y-z=4 \end{cases}$，方程組之解

做法 底下符號表示法爲：(a) $L_2 \to -2L_1+L_2$（表示將第二列改成「–2 乘以第一列加上第二列」）；

(b) $L_3 \to -3L_3$（表示將第三列改成「–3 乘以第三列」）；

(c) $L_1 \leftrightarrow L_2$（表示將第一列和第二列對調）

解 (1) 將此方程組化成階梯形狀

$$\begin{array}{r} L_2 \to -2L_1+L_2 \\ L_3 \to -3L_1+L_3 \\ \Rightarrow \end{array} \begin{cases} x+2y+3z=7 \\ -3y-5z=-8 \\ -7y-10z=-17 \end{cases}$$

$$\begin{array}{r} L_2 \to -L_2 \\ L_3 \to -L_3 \\ \Rightarrow \end{array} \begin{cases} x+2y+3z=7 \\ 3y+5z=8 \\ 7y+10z=17 \end{cases}$$

$$\begin{array}{r} L_3 \to -7L_2+3L_3 \\ L_3 \to -L_3 \\ \Rightarrow \end{array} \begin{cases} x+2y+3z=7 \\ 3y+5z=8 \\ 5z=5 \end{cases}$$

(2) 上式呈現階梯形狀的方程組中，有三個未知數 (x,y,z)、三個方程式，所以此方程組有一解。

(3) 由第三個方程式得 $z=1$，

(4) 將 $z=1$ 代入第二個方程式得 $y=1$，

(5) 再將 $z=1, y=1$ 代入第一個方程式得 $x=2$，

(6) 解為 (2,1,1)

例 8 求$\begin{cases} x+2y-3z=6 \\ 2x-y+4z=2 \\ 4x+3y-2z=14 \end{cases}$，方程組之解

解 (1) 把此方程組化成階梯形狀：

$$L_2 \to -2L_1 + L_2 \quad L_3 \to -4L_1 + L_3 \Rightarrow \begin{cases} x+2y-3z=6 \\ \quad -5y+10z=-10 \\ \quad -5y+10z=-10 \end{cases}$$

$$\text{或} \begin{cases} x+2y-3z=6 \\ \quad y-2z=2 \\ \quad y-2z=2 \end{cases}$$

(2) 因第二個方程式和第三個方程式相同，可去掉一個。此方程組變成

$$\begin{cases} x+2y-3z=6 \\ \quad y-2z=2 \end{cases}$$

(3) 上式呈現階梯形狀的方程組中，有三個未知數 (x,y,z)、二個方程式，所以此方程組有 $3-2=1$ 個自由變數（有無窮多組解），沒出現在開頭的未知數 z 為自由變數。

(4) 其解為：$z=a$（可為任意數）、

代入第二式得 $y=2+2a$、

再代入第一式得 $x=6-2y+3z=6-2(2+2a)+3a$

$=2-a$，

(5) 解為 $(x,y,z)=(2-a,2+2a,a)$，$a\in R$

例 9 求$\begin{cases} x+2y-3z=-1 \\ 3x-y+2z=7 \\ 5x+3y-4z=2 \end{cases}$，方程組之解

解 (1) 把此方程組化成階梯形狀：

$$\begin{matrix} L_2 \to -3L_1+L_2 \\ L_3 \to -5L_1+L_3 \\ \Rightarrow \end{matrix} \begin{cases} x+2y-3z=-1 \\ -7y+11z=10 \\ -7y+11z=7 \end{cases}$$

$$\begin{matrix} L_3 \to -L_2+L_3 \\ \Rightarrow \end{matrix} \begin{cases} x+2y-3z=-1 \\ -7y+11z=10 \\ 0y+0z=-3 \end{cases}$$

因出現第三式 $0=-3$ 矛盾現象，所以此方程組無解

例 10 求$\begin{cases} x+2y-3z+u+2w=1 \\ x+y-5z+2u+w=-1 \\ x+2y-3z+4w=-2 \end{cases}$，方程組之解

解 (1) 把此方程組化成階梯形狀：

$$\begin{matrix} L_2 \to L_1-L_2 \\ L_3 \to L_1-L_3 \\ \Rightarrow \end{matrix} \begin{cases} x+2y-3z+u+2w=1 \\ y+2z-u+w=2 \\ u-2w=3 \end{cases}$$

(2) 上式共有五個未知數、三個方程式，所以此方程組有 $5-3=2$ 個自由變數（有無窮多組解），沒出現在開頭的未知數 z 和 w 為自由變數。

(3) 其解為：(a) $z=a$，$w=b$（可為任意數）

(b) 代入第三式，得 $u=3+2w=3+2b$

(c) 再代入第二式，得

$y = 2 - 2z + u - w = 2 - 2a + (3 + 2b) - b$

$= 5 - 2a + b$

(d) 再代入第一式，得

$x = 1 - 2y + 3z - u - 2w$

$= 1 - 2(5 - 2a + b) + 3a - (3 + 2b) - 2b$

$= -12 + 7a - 6b$

(e) 解為 $\begin{cases} x = -12 + 7a - 6b \\ y = 5 - 2a + b \\ z = a \\ u = 3 + 2b \\ w = b \end{cases}$ ，$a, b \in R$

例 11 求 $\begin{cases} x + y - z = 1 \\ 2x + 3y + az = 3 \\ x + ay + 3z = 2 \end{cases}$ 之 a 值，使得此方程組 (1) 有一解；(2) 有無窮多解；(3) 無解

解 把此方程組化成階梯形狀：

$L_2 \to -2L_1 + L_2$

$L_3 \to -L_1 + L_3$

$\Rightarrow \begin{cases} x + y - z = 1 \\ \quad y + (a+2)z = 1 \\ \quad (a-1)y + 4z = 1 \end{cases}$

$L_3 \to -(a-1)L_2 + L_3$

$\Rightarrow \begin{cases} x + y - z = 1 \\ \quad y + (a+2)z = 1 \\ \quad\quad (3+a)(2-a)z = 2 - a \end{cases}$

(1) 若 $a \neq 2$ 且 $a \neq -3$，第三式中的 z 係數就不為 0，其有唯一解

(2) 若 $a = 2$，第三式變成 $0 \cdot z = 0$，其有無窮多解（有一個自由變數 z）

(3) 若 $a = -3$，第三式變成 $0 \cdot z = 5$ 矛盾現象，其為無解

例 12 求 $\begin{cases} x + 2y - 3z = a \\ 2x + 6y - 11z = b \\ x - 2y + 7z = c \end{cases}$ 之 a, b, c 需具備何種條件，此方程組才有解

解 (1) 把此方程組化成階梯形狀：

$$\begin{array}{l} L_2 \to -2L_1 + L_2 \\ L_3 \to -L_1 + L_3 \\ \quad \Rightarrow \end{array} \begin{cases} x + 2y - 3z = a \\ \quad 2y - 5z = b - 2a \\ \quad -4y + 10z = c - a \end{cases}$$

$$\begin{array}{l} L_3 \to 2L_2 + L_3 \\ \quad \Rightarrow \end{array} \begin{cases} x + 2y - 3z = a \\ \quad 2y - 5z = b - 2a \\ \quad\quad 0 = c + 2b - 5a \end{cases}$$

(2) 上一行第三式中，

(a) 若 $c + 2b - 5a = 0$，第三式變成 $0 = 0$，則此方程組有無窮多組解（即有解，有一個自由變數 z）；

(b) 若 $c + 2b - 5a \neq 0$（第三式矛盾），則此方程組無解。

1.3 線性齊次方程組

10.【線性齊次方程組】因線性齊次方程組的常數 b_1、b_2、……、b_n 都是零，此方程組化成階梯形狀會如下所示：

$$a_{11}x_1 + a_{12}x_2 + \cdots + a_{1n}x_n = 0$$

$$a_{2(j_2)}x_{j_2} + a_{2(j_2+1)}x_{(j_2+1)} + \cdots + a_{2n}'x_n = 0$$

$$\cdots\cdots\cdots\cdots$$

$$a_{r(j_r)}x_{j_r} + a_{r(j_r+1)}x_{(j_r+1)} + \cdots + a_{rn}'x_n = 0$$

化簡後有 n 個未知數，r 個方程式，它的解是下面二種情況之一種：

(1) $r = n$：即方程式的數目和未知數的數目相同，此線性齊次方程組只有一解，且全爲 0；

(2) $r < n$：即方程式的數目比未知數的數目還要少，此線性齊次方程組有非零的解，也就是說，此方程組有無窮多組解。

（註：不可能發生 $r > n$ 的情況）

例 13 求下列三組方程組是否有非 0 的解

$$(1)\begin{cases} x - 2y + 3z - 2w = 0 \\ 2x + 3y + 4z - w = 0 \\ 3x + y + 3z + 2w = 0 \end{cases}$$

$$(2)\begin{cases} x + 2y - 3z = 0 \\ 2x + 5y + 2z = 0 \\ 3x - y - 4z = 0 \end{cases}$$

$$(3)\begin{cases} x+2y-z=0 \\ 2x+5y+2z=0 \\ x+4y+7z=0 \\ x+3y+3z=0 \end{cases}$$

解 (1) 此方程組的未知數（x, y, z, w 共 4 個）比方程式（有 3 個）來得多，所以有無窮多組解

(2) 把此方程組化成階梯形狀：

$$\begin{cases} x+2y-3z=0 \\ 2x+5y+2z=0 \\ 3x-y-4z=0 \end{cases} \Rightarrow \begin{cases} x+2y-3z=0 \\ y+8z=0 \\ -7y+5z=0 \end{cases} \Rightarrow \begin{cases} x+2y-3z=0 \\ y+8z=0 \\ 61z=0 \end{cases}$$

此方程組的未知數和方程式一樣多（都是 3 個），所以有唯一解，即 $(0,0,0)$ 解

(3) 把此方程組化成階梯形狀：

$$\begin{cases} x+2y-z=0 \\ 2x+5y+2z=0 \\ x+4y+7z=0 \\ x+3y+3z=0 \end{cases} \Rightarrow \begin{cases} x+2y-z=0 \\ y+4z=0 \\ 2y+8z=0 \\ y+4z=0 \end{cases} \Rightarrow \begin{cases} x+2y-z=0 \\ y+4z=0 \end{cases}$$

此方程組的未知數（有 3 個）比方程式（有 2 個）來得多（有一個自由變數 z），所以有無窮多組解

練習題

1. 求下列方程組的解

$$(a)\begin{cases} 2x+y-3z=5 \\ 3x-2y+2z=5 \\ 5x-3y-z=16 \end{cases} \quad (b)\begin{cases} 2x+3y-2z=5 \\ x-2y+3z=2 \\ 4x-y+4z=1 \end{cases}$$

(c) $\begin{cases} x+2y+3z=3 \\ 2x+3y+8z=4 \\ 3x+2y+17z=1 \end{cases}$

答：(a) $x=1, y=-3, z=-2$

(b) 無解

(c) $x=-1-7a$，$y=2+2a$，$z=a$，其中 $a \in R$

2. 求下列方程組的解

(a) $\begin{cases} 2x+3y=3 \\ x-2y=5 \\ 3x+2y=7 \end{cases}$ (b) $\begin{cases} x+2y-3z+2w=2 \\ 2x+5y-8z+6w=5 \\ 3x+4y-5z+2w=4 \end{cases}$

(c) $\begin{cases} x+2y-z+3w=3 \\ 2x+4y+4z+3w=9 \\ 3x+6y-z+8w=10 \end{cases}$

答：(a) $x=3, y=-1$

(b) $x=-a+2b$，$y=1+2a-2b$，$z=a$，$w=b$，
其中 $a, b \in R$

(c) $x=7/2-5b/2-2a$，$y=a$，$z=1/2+b/2$，
$w=b$，其中 $a, b \in R$

3. 求下列方程組的解

(a) $\begin{cases} x+2y+2z=2 \\ 3x-2y-z=5 \\ 2x-5y+3z=-4 \\ x+4y+6z=0 \end{cases}$ (b) $\begin{cases} x+5y+4z-13w=3 \\ 3x-y+2z+5w=2 \\ 2x+2y+3z-4w=1 \end{cases}$

答：(a) $x=2, y=1, z=-1$

(b) 無解

4. 求下列方程組的 k 值，使其 (i) 有唯一解；(ii) 無解；(iii) 無窮多組解；

(a) $\begin{cases} kx+y+z=1 \\ x+ky+z=1 \\ x+y+kz=1 \end{cases}$ (b) $\begin{cases} x+2y+kz=1 \\ 2x+ky+8z=3 \end{cases}$

答：(a) (i) 有唯一解 $k\neq 1$ 且 $k\neq -2$；(ii) 無解 $k=-2$；

(iii) 無窮多組解 $k=1$

(b) (i) 沒有唯一解；(ii) 無解 $k=4$；

(iii) 無窮多組解 $k\neq 4$

5. 求下列方程組的 k 值，使其 (i) 有唯一解；(ii) 無解；(iii) 無窮多組解；

(a) $\begin{cases} x+y+kz=2 \\ 3x+4y+2z=k \\ 2x+3y-z=1 \end{cases}$ (b) $\begin{cases} x-3z=-3 \\ 2x+ky-z=-2 \\ x+2y+kz=1 \end{cases}$

答：(a) (i) 有唯一解 $k\neq 3$；(ii) 沒有無解情況；

(iii) 無窮多組解 $k=3$

(b) (i) 有唯一解 $k\neq 2$ 且 $k\neq -5$；(ii) 無解 $k=-5$；

(iii) 無窮多組解 $k=2$

6. 求下列方程組的 a, b, c 值，使其有解（唯一解或無窮多組解）

(a) $\begin{cases} x+2y-3z=a \\ 3x-y+2z=b \\ x-5y+8z=c \end{cases}$ (b) $\begin{cases} x-2y+4z=a \\ 2x+3y-z=b \\ 3x+y+2z=c \end{cases}$

答：(a) $2a-b+c=0$

(b) a, b, c 任何值，都是唯一解

7. 下列方程組，是否有非 0 解

(a) $\begin{cases} x+3y-2z=0 \\ x-8y+8z=0 \\ 3x-2y+4z=0 \end{cases}$ (b) $\begin{cases} x+3y-2z=0 \\ 2x-3y+z=0 \\ 3x-2y+2z=0 \end{cases}$

(c) $\begin{cases} x+2y-5z+4w=0 \\ 2x-3y+2z+3w=0 \\ 4x-7y+z-6w=0 \end{cases}$

答：(a) 有；(b) 無；(c) 有

8. 下列方程組，是否有非 0 解

(a) $\begin{cases} x-2y+2z=0 \\ 2x+y-2z=0 \\ 3x+4y-6z=0 \\ 3x-11y+12z=0 \end{cases}$ (b) $\begin{cases} 2x-4y+7z+4t-5w=0 \\ 9x+3y+2z-7t+w=0 \\ 5x+2y-3z+t+3w=0 \\ 6x-5y+4z-3t-2w=0 \end{cases}$

答：(a) 有；(b) 有

9. 線性方程組 $\begin{cases} x+2y-3z=4 \\ 3x-y+5z=2 \\ 4x+y+(a^2-14)z=a+2 \end{cases}$，$a$ 為何值，此線性方程組為 (1) 無解；(2) 有唯一解；(3) 有無窮多組解

答：(1) $a=-4$，無解

(2) $a\neq 4$ 且 $a\neq -4$，唯一解

(3) $a=4$，無窮多組解

第 2 章　矩陣

2.1　矩陣的基礎

1. 【矩陣的定義】一個 $m \times n$ 矩陣（Matrix）是一個排列成 m（橫）列（Row），n（直）行（Column）的陣列。
2. 【矩陣的元素】矩陣第 i 列、第 j 行位置的值，稱爲元素 a_{ij}。若是 3×2 矩陣常表示成 $\begin{bmatrix} a_{11} & a_{12} \\ a_{21} & a_{22} \\ a_{31} & a_{32} \end{bmatrix}_{3\times 2}$。

例 1 $\begin{bmatrix} 2 & 1 & 3 \\ 4 & 3 & 2 \end{bmatrix}$爲一 $m \times n$ 矩陣，m、n 各爲何？

解：$m = 2$、$n = 3$。

其第一個整數 m（此例為 2）是矩陣的（橫）列個數；

其第二個整數 n（此例為 3）是矩陣的（直）行個數。

例 2 $\begin{bmatrix} 2 & 1 & 3 \\ 4 & 3 & 2 \end{bmatrix}$爲一 2×3 矩陣。其（橫）列和其（直）行各爲何？

解 其（橫）列為 $[2 \quad 1 \quad 3]$ 和 $[4 \quad 3 \quad 2]$，

其（直）行為 $\begin{bmatrix} 2 \\ 4 \end{bmatrix}$、$\begin{bmatrix} 1 \\ 3 \end{bmatrix}$ 和 $\begin{bmatrix} 3 \\ 2 \end{bmatrix}$。

3.【矩陣的表示法】(1) 矩陣通常以大寫英文字母表示，例如：矩陣 A、矩陣 B；而矩陣內的元素通常以小寫字母表示，例如：矩陣 $A=\begin{bmatrix} a & b \\ c & d \end{bmatrix}$。

(2) 矩陣也常表示成 $A=[a_{ij}]$、$B=[b_{ij}]$。

4.【方陣】(1) 若矩陣有相同的行數與列數，此矩陣也稱爲方陣（Square matrix）。

(2) $n \times n$ 的方陣，稱爲 n 階方陣。

(3) 例如：2×2 矩陣又稱爲 2 階方陣、3×3 矩陣又稱爲 3 階方陣。

5.【矩陣的相等】若 $A=[a_{ij}]$、$B=[b_{ij}]$ 二矩陣有相同的行數和列數，且對每一對 i、j，其 a_{ij} 均等於 b_{ij}，則稱此二矩陣相等。

例 3 $A=\begin{bmatrix} a & 1 \\ 2 & b \end{bmatrix}$，$B=\begin{bmatrix} 4 & c \\ 2 & 5 \end{bmatrix}$，若 $A=B$，

則 $a=$？、$b=$？、$c=$？

解 $a=4$、$b=5$、$c=1$

6.【矩陣的相加】若 $A=[a_{ij}]$、$B=[b_{ij}]$ 二矩陣均爲 $m \times n$ 矩陣，則 $A+B=[a_{ij}+b_{ij}]$（相對應位置的值相加）。

註：不同大小的二矩陣不能相加，即若 A 是 $m \times n$ 矩陣、B 是 $p \times q$ 矩陣，其中 $m \neq p$ 或 $n \neq q$（至少有一個成立），則 A、B 二矩陣不能相加。

7.【矩陣與純量的相乘】若矩陣 $A=[a_{ij}]$、純量 $c\in R$，則 $cA=[ca_{ij}]$，也就是 c 要乘到矩陣內的每個元素。

例 4 設 $A=\begin{bmatrix}2&1&3\\4&2&1\end{bmatrix}$，求 (1) $3A$ 之值；(2) $-A$ 之值

解 (1) $3A=\begin{bmatrix}3\cdot2&3\cdot1&3\cdot3\\3\cdot4&3\cdot2&3\cdot1\end{bmatrix}=\begin{bmatrix}6&3&9\\12&6&3\end{bmatrix}$，

(2) $-A=\begin{bmatrix}-2&-1&-3\\-4&-2&-1\end{bmatrix}$

例 5 設 $A=\begin{bmatrix}1&1&1\\2&1&2\\2&1&1\end{bmatrix}$、$B=\begin{bmatrix}2&1&0\\1&1&3\\1&1&1\end{bmatrix}$、$C=\begin{bmatrix}0&1&2\\1&3&1\\0&2&1\end{bmatrix}$，

求 $2A+B-C$ 之值

解 $2A+B-C=2\begin{bmatrix}1&1&1\\2&1&2\\2&1&1\end{bmatrix}+\begin{bmatrix}2&1&0\\1&1&3\\1&1&1\end{bmatrix}-\begin{bmatrix}0&1&2\\1&3&1\\0&2&1\end{bmatrix}$

$$=\begin{bmatrix}2&2&2\\4&2&4\\4&2&2\end{bmatrix}+\begin{bmatrix}2&1&0\\1&1&3\\1&1&1\end{bmatrix}-\begin{bmatrix}0&1&2\\1&3&1\\0&2&1\end{bmatrix}$$

$$=\begin{bmatrix}4&2&0\\4&0&6\\5&1&2\end{bmatrix}$$

例 6 若 $3\begin{bmatrix} x & y \\ z & w \end{bmatrix} = \begin{bmatrix} x & 6 \\ -1 & 2w \end{bmatrix} + \begin{bmatrix} 4 & x+y \\ z+w & 3 \end{bmatrix}$，

求 x、y、z、w 之值

解 原式 $\Rightarrow \begin{bmatrix} 3x & 3y \\ 3z & 3w \end{bmatrix} = \begin{bmatrix} x+4 & 6+x+y \\ -1+z+w & 2w+3 \end{bmatrix}$

所以 $\begin{cases} 3x = x+4 \\ 3y = 6+x+y \\ 3z = -1+z+w \\ 3w = 2w+3 \end{cases}, \Rightarrow \begin{cases} 2x = 4 \\ 2y = 6+x \\ 2z = -1+w \\ w = 3 \end{cases}$

解得：$x = 2$，$y = 4$，$z = 1$，$w = 3$

> 8.【矩陣與矩陣的相乘】(1) 若 $A = [a_{ij}]$ 是 $m \times p$ 矩陣、$B = [b_{ij}]$ 是 $p \times n$ 矩陣，則它們二個矩陣相乘 AB 爲 $m \times n$ 矩陣，其第 (i, j) 元素値是 $a_{i1}b_{1j} + a_{i2}b_{2j} + a_{i3}b_{3j} + \cdots + a_{ip}b_{pj}$，也就是 $AB = \left[\sum_{k=1}^{p} a_{ik}b_{kj}\right]$。
>
> (2) 兩矩陣 $[A]_{m \times n}$、$[B]_{p \times q}$ 要能相乘的條件是 $n = p$，其結果爲 $m \times q$ 矩陣。

例 7 $A = \begin{bmatrix} 2 & 1 & 3 \\ 4 & 2 & 1 \end{bmatrix}_{2\times3}$，$B = \begin{bmatrix} 1 & 3 \\ 2 & 2 \\ 3 & 1 \end{bmatrix}_{3\times2}$，求 $AB = ?$

$$AB = \begin{bmatrix} 2\cdot1+1\cdot2+3\cdot3 & 2\cdot3+1\cdot2+3\cdot1 \\ 4\cdot1+2\cdot2+1\cdot3 & 4\cdot3+2\cdot2+1\cdot1 \end{bmatrix}_{2\times2} = \begin{bmatrix} 13 & 11 \\ 11 & 17 \end{bmatrix}_{2\times2}$$

例 8 若 $A=\begin{bmatrix}1 & 2\\ -1 & 1\end{bmatrix}$、$B=\begin{bmatrix}1 & 2 & 1\\ 0 & 1 & -1\end{bmatrix}$，求 (1) $AB=$？

(2) $BA=$？

解 (1) $AB=\begin{bmatrix}1 & 2\\ -1 & 1\end{bmatrix}\begin{bmatrix}1 & 2 & 1\\ 0 & 1 & -1\end{bmatrix}=\begin{bmatrix}1 & 4 & -1\\ -1 & -1 & -2\end{bmatrix}_{2\times 3}$

(2) 因 B 是 2×3 矩陣，而 A 是 2×2 矩陣，內數 3 和 2 不相等，所以 BA 是無法相乘的

9.【零矩陣】若 $m\times n$ 矩陣內的每一個元素值均為 0，此矩陣稱為零矩陣，表示成 0 或 $0_{m\times n}$。

例如：$0=\begin{bmatrix}0 & 0 & 0\\ 0 & 0 & 0\end{bmatrix}$為零矩陣。

10.【對角線矩陣】若 $n\times n$ 方陣內，左上角到右下角對角線（稱為主對角線）的元素不全為 0 外，其餘的元素值均為 0，此矩陣稱為對角線矩陣。

例如：$\begin{bmatrix}2 & 0 & 0\\ 0 & 3 & 0\\ 0 & 0 & 1\end{bmatrix}$為對角線矩陣。

11.【單位矩陣】在 $n\times n$ 方陣中，若對角線矩陣內，左上角到右下角對角線（稱為主對角線）的元素值均為 1，其餘的元素值均為 0，此矩陣稱為單位矩陣，以 I_n 表示之。

例 9 請寫出方陣 I_2 和 I_3 的內容？

解 方陣 $I_2 = \begin{bmatrix} 1 & 0 \\ 0 & 1 \end{bmatrix}$ 為 2×2 的單位矩陣。

方陣 $I_3 = \begin{bmatrix} 1 & 0 & 0 \\ 0 & 1 & 0 \\ 0 & 0 & 1 \end{bmatrix}$ 為 3×3 的單位矩陣。

12.【三角形矩陣】(1) 一個方陣若其主對角線以下的所有元素值均爲 0，此矩陣稱爲上三角形矩陣（Upper triangular）（表示上三角有值，下三角值爲 0）。

例如：$\begin{bmatrix} a_{11} & a_{12} & \cdots & a_{1n} \\ 0 & a_{22} & \cdots & a_{2n} \\ \cdots & \cdots & \cdots & \cdots \\ 0 & 0 & \cdots & a_{nn} \end{bmatrix}$ 或 $\begin{bmatrix} 2 & 4 & 0 & 3 \\ 0 & 1 & 2 & 1 \\ 0 & 0 & 0 & 2 \\ 0 & 0 & 0 & 1 \end{bmatrix}$

(2) 一個方陣若其主對角線以上的所有元素值均爲 0，此矩陣稱爲下三角形矩陣（Lower triangular）（表示下三角有值，上三角值爲 0）。

例如：$\begin{bmatrix} a_{11} & 0 & \cdots & 0 \\ a_{21} & a_{22} & \cdots & 0 \\ \cdots & \cdots & \cdots & \cdots \\ a_{n1} & a_{n2} & \cdots & a_{nn} \end{bmatrix}$ 或 $\begin{bmatrix} 2 & 0 & 0 & 0 \\ 3 & 1 & 0 & 0 \\ 0 & 2 & 3 & 0 \\ 1 & 4 & 0 & 1 \end{bmatrix}$

13.【矩陣的性質】A、B、C 三矩陣，若下列運算都有意義時，則

(1) $A + B = B + A$（矩陣加法具有交換性）

(2) $A(B+C)=AB+AC$（矩陣乘法對加法具有分配性）

(3) $A(BC)=(AB)C$（矩陣乘法具有結合性）

(4) $A+0=0+A=A$（A是$m\times n$矩陣，0是$m\times n$的零矩陣）

(5) $AI_n=I_mA=A$（A是$m\times n$矩陣，I_m是$m\times m$的單位矩陣）

(6) AB 不一定等於 BA（矩陣乘法「不具」交換性）

14.【轉置矩陣】一個 $m\times n$ 的 $A=[a_{ij}]$ 矩陣，其轉置矩陣（Transpose matrix，表示成 A^T）是將 A 的行變列、列變行的 $n\times m$ 矩陣，即 $A^T=[a_{ji}]$。

例如：$A=\begin{bmatrix}2&1&3\\4&2&1\end{bmatrix}_{2\times3}$，則 $A^T=\begin{bmatrix}2&4\\1&2\\3&1\end{bmatrix}_{3\times2}$

15.【對稱矩陣】若 n 階方陣 A，其有 $A^T=A$，則方陣 A 稱爲對稱矩陣。

例如：$A=\begin{bmatrix}1&2&3\\2&4&5\\3&5&6\end{bmatrix}$爲對稱矩陣，其 $A^T=A$

16.【反對稱矩陣】若 n 階方陣 A，其有 $-A^T=A$，則稱方陣 A 爲反對稱矩陣。反對稱矩陣的主對角線值均爲 0。

例如：$A=\begin{bmatrix}0&1&2\\-1&0&3\\-2&-3&0\end{bmatrix}$，則$-A^T=\begin{bmatrix}0&1&2\\-1&0&3\\-2&-3&0\end{bmatrix}=A$

17.【轉置矩陣的性質】設 A、B 爲二矩陣且 $k\in R$，若下列運算都有意義時，則

(1) $(A+B)^T=A^T+B^T$

(2) $(A^T)^T=A$

(3) $(kA)^T=kA^T$

(4) $(AB)^T=B^TA^T$

例 10 若 $A=\begin{bmatrix}1&2&1\\2&0&1\\3&2&1\\2&1&0\end{bmatrix}$、$B=\begin{bmatrix}2&1&0\\3&2&1\\0&2&2\\1&1&2\end{bmatrix}$，求 A^T+B^T

解 $A+B=\begin{bmatrix}1&2&1\\2&0&1\\3&2&1\\2&1&0\end{bmatrix}+\begin{bmatrix}2&1&0\\3&2&1\\0&2&2\\1&1&2\end{bmatrix}=\begin{bmatrix}3&3&1\\5&2&2\\3&4&3\\3&2&2\end{bmatrix}_{4\times 3}$

$$A^T+B^T=(A+B)^T=\begin{bmatrix}3&5&3&3\\3&2&4&2\\1&2&3&2\end{bmatrix}_{3\times 4}$$

例 11 若 A 是 $m\times n$ 矩陣，請問甚麼條件下 (1) AA^T 才有定義？(2) A^TA 才有定義？

解 (1) AA^T，A 是 $m\times n$ 矩陣，A^T 是 $n\times m$ 矩陣，所以任何情況下 AA^T 都有定義。

(2) A^TA，A^T 是 $n\times m$ 矩陣，A 是 $m\times n$ 矩陣，所以任何情況下 A^TA 都有定義。

例 12 若 $A=\begin{bmatrix}1&2\\2&0\\1&1\end{bmatrix}$，求 (1) AA^T？(2) A^TA？

解 (1) $AA^T=\begin{bmatrix}1&2\\2&0\\1&1\end{bmatrix}\begin{bmatrix}1&2&1\\2&0&1\end{bmatrix}=\begin{bmatrix}5&2&3\\2&4&2\\3&2&2\end{bmatrix}$

(2) $A^TA=\begin{bmatrix}1&2&1\\2&0&1\end{bmatrix}\begin{bmatrix}1&2\\2&0\\1&1\end{bmatrix}=\begin{bmatrix}6&3\\3&5\end{bmatrix}$

18.【方陣的代數】

(1) 方陣 A 可以自我相乘，即 $AA=A^2$、$A^2A=A^3$、……，且 $A^0=I_n$。

(2) 對於任何多項式 $f(x)=a_0+a_1x+a_2x^2+\cdots+a_nx^n$，式中 a_i 是純量，其變數 x 可用方陣 A 取代，得到

$$f(A)=a_0I_n+a_1A+a_2A^2+\cdots+a_nA^n。$$

(3) 若 $f(A)$ 爲零矩陣，即 $f(A)=0$，則 A 就是多項式 $f(x)$ 的根。

例 13 若 $A=\begin{bmatrix}1&2\\0&1\end{bmatrix}$，求 (1) A^2，(2) A^3，(3) $f(A)$，其中 $f(x)=x^3-2x^2+3$

解 (1) $A^2=\begin{bmatrix}1&2\\0&1\end{bmatrix}\begin{bmatrix}1&2\\0&1\end{bmatrix}=\begin{bmatrix}1&4\\0&1\end{bmatrix}$

(2) $A^3=\begin{bmatrix}1&4\\0&1\end{bmatrix}\begin{bmatrix}1&2\\0&1\end{bmatrix}=\begin{bmatrix}1&6\\0&1\end{bmatrix}$

(3) $f(A)=A^3-2A^2+3I_2=\begin{bmatrix}1&6\\0&1\end{bmatrix}-2\begin{bmatrix}1&4\\0&1\end{bmatrix}+3\begin{bmatrix}1&0\\0&1\end{bmatrix}$

$=\begin{bmatrix}2&-2\\0&2\end{bmatrix}$

例 14 設 $A=\begin{bmatrix}1 & 2\\ 3 & -4\end{bmatrix}$，(1) 求 $A^2=?$ (2) 若 $f(x)=2x^2-3x+5$，求 $f(A)=?$ (3) 若 $g(x)=x^2+3x-10$，證明 $g(A)=0$

解 (1) $A^2=\begin{bmatrix}1 & 2\\ 3 & -4\end{bmatrix}\begin{bmatrix}1 & 2\\ 3 & -4\end{bmatrix}=\begin{bmatrix}7 & -6\\ -9 & 22\end{bmatrix}$

(2) $f(A)=2A^2-3A+5I_2$

$$=2\begin{bmatrix}7 & -6\\ -9 & 22\end{bmatrix}-3\begin{bmatrix}1 & 2\\ 3 & -4\end{bmatrix}+5\begin{bmatrix}1 & 0\\ 0 & 1\end{bmatrix}$$

$$=\begin{bmatrix}16 & -18\\ -27 & 61\end{bmatrix}$$

(3) $g(A)=A^2+3A-10I$

$$=\begin{bmatrix}7 & -6\\ -9 & 22\end{bmatrix}+3\begin{bmatrix}1 & 2\\ 3 & -4\end{bmatrix}-10\begin{bmatrix}1 & 0\\ 0 & 1\end{bmatrix}$$

$$=\begin{bmatrix}0 & 0\\ 0 & 0\end{bmatrix}$$

所以 A 是多項式 $g(x)$ 的根。

2.2 列階梯形矩陣

19.【列階梯形矩陣】如果矩陣內每一（橫）列的第一個非零元素是逐列往右增加，直到最後一列或剩下全爲零的列爲止，此矩陣稱爲「列階梯形矩陣（Row echelon matrix）」，其每一列的第一個非零元素稱爲「領先元（pivot，也翻譯成樞軸）」。

例如：下列兩矩陣均爲列階梯形矩陣，其中領先元以小掛號掛起來。

$$\begin{bmatrix} (3) & 2 & 5 & 0 & 1 \\ 0 & 0 & (6) & 2 & 4 \\ 0 & 0 & 0 & (3) & 7 \\ 0 & 0 & 0 & 0 & (2) \end{bmatrix} \text{或} \begin{bmatrix} (2) & 4 & 1 \\ 0 & (5) & 0 \\ 0 & 0 & (3) \\ 0 & 0 & 0 \\ 0 & 0 & 0 \end{bmatrix}$$

20.【化簡後的列階梯形矩陣】若列階梯形矩陣每一列的第一個非零元素（領先元）均爲 1，且此 1 的整（直）行其他元素均爲 0，此矩陣稱爲「化簡後的列階梯形矩陣（Reduced row echelon matrix）」。

例如：$\begin{bmatrix} (1) & 2 & 0 & 0 & 1 \\ 0 & 0 & (1) & 0 & 4 \\ 0 & 0 & 0 & (1) & 7 \\ 0 & 0 & 0 & 0 & 0 \end{bmatrix}$ 爲化簡後的列階梯形矩陣，

其中領先元以小掛號掛起來，其值爲 1，其整（直）行的其他元素均爲 0。

21.【列基本運算】在矩陣內，底下的列運算稱爲「列基本運算（Elementary row operation）」：

$[E_1]$：第 i 列和第 j 列對調：$R_i \leftrightarrow R_j$

$[E_2]$：第 i 列乘以一個非零的純量 k：$R_i \to kR_i$，$k \neq 0$

$[E_3]$：第 j 列乘以一個非零的純量 k 加到第 i 列：

$R_i \to kR_j + R_i$，$k \neq 0$

$[E_4]$：第 i 列和第 j 列各乘以一個非零的純量取代第 i 列：

$R_i \to k_1R_i + k_2R_j$，k_1，$k_2 \neq 0$

22.【化成列階梯形矩陣】矩陣經由下面列基本運算步驟，可以將它化成列階梯形矩陣：

步驟 1：找出第一（直）行是非 0 的元素（設第 k 行），將此行所在的列與第一列對調，即 $a_{k1} \neq 0$；（若第一（直）行全是 0 的元素，則找第二行）；

步驟 2：將其下面所有列的第 1 行的元素利用 $R_i \to k_1R_i + k_2R_j$ 運算，變成 0；

步驟 3：重複步驟 1、步驟 2，將此矩陣化成列階梯形矩陣為止。

註：此法與 1.2 節的高斯消去法相同，只是此法以矩陣形式呈現，而 1.2 節是以方程組方式呈現

例 15 將矩陣 $\begin{bmatrix} 0 & 2 & 6 & 2 \\ 1 & 2 & 3 & 2 \\ 2 & 0 & 3 & 4 \end{bmatrix}$ 化成列階梯形矩陣

解

$$\begin{bmatrix} 0 & 2 & 6 & 2 \\ 1 & 2 & 3 & 2 \\ 2 & 0 & 3 & 4 \end{bmatrix} \Rightarrow (R_1 \leftrightarrow R_2) \Rightarrow \begin{bmatrix} 1 & 2 & 3 & 2 \\ 0 & 2 & 6 & 2 \\ 2 & 0 & 3 & 4 \end{bmatrix} \text{（步驟 1）}$$

$$\Rightarrow (R_3 \to -2R_1 + R_3) \Rightarrow \begin{bmatrix} 1 & 2 & 3 & 2 \\ 0 & 2 & 6 & 2 \\ 0 & -4 & -3 & 0 \end{bmatrix} \text{（步驟 2）}$$

$$\Rightarrow (R_3 \to 2R_2 + R_3) \Rightarrow \begin{bmatrix} 1 & 2 & 3 & 2 \\ 0 & 2 & 6 & 2 \\ 0 & 0 & 9 & 4 \end{bmatrix} \text{（步驟 3）}$$

例 16 將矩陣 $\begin{bmatrix} 0 & 2 & 6 & 2 \\ 0 & 2 & 3 & 2 \\ 0 & 0 & 3 & 4 \end{bmatrix}$ 化成列階梯形矩陣

解 $\begin{bmatrix} 0 & 2 & 6 & 2 \\ 0 & 2 & 3 & 2 \\ 0 & 0 & 3 & 4 \end{bmatrix} \Rightarrow (R_2 \to R_1 - R_2) \Rightarrow \begin{bmatrix} 0 & 2 & 6 & 2 \\ 0 & 0 & 3 & 0 \\ 0 & 0 & 3 & 4 \end{bmatrix}$

$$\Rightarrow (R_3 \to R_3 - R_2) \Rightarrow \begin{bmatrix} 0 & 2 & 6 & 2 \\ 0 & 0 & 3 & 0 \\ 0 & 0 & 0 & 4 \end{bmatrix}$$

23.【化成化簡後的列階梯形矩陣】列階梯形矩陣化成「化簡後的列階梯形矩陣」的步驟如下：

步驟 1：若每一列的第一個非零元素（領先元）爲 k，則該列乘以 $\frac{1}{k}$〔第 21 點的 E_2 運算〕，使領先元值變成 1；

步驟 2：將在「領先元」那一（直）行的所有非 0 元素，利用〔第 21 點的 E_3 運算〕，將它們全變成 0。

例 17 將列階梯形矩陣 $\begin{bmatrix}1&2&3&2\\0&2&6&2\\0&0&3&9\end{bmatrix}$，化成化簡後的列階梯形矩陣

解 階梯形矩陣 $\begin{bmatrix}1&2&3&2\\0&2&6&2\\0&0&3&9\end{bmatrix} \Rightarrow \begin{matrix}R_2 \to \frac{1}{2}R_2\\ R_3 \to \frac{1}{3}R_3\end{matrix} \Rightarrow \begin{bmatrix}1&2&3&2\\0&1&3&1\\0&0&1&3\end{bmatrix}$

$$\Rightarrow R_1 \to -2R_2 + R_1 \Rightarrow \begin{bmatrix}1&0&-3&0\\0&1&3&1\\0&0&1&3\end{bmatrix}$$

$$\Rightarrow \begin{matrix}R_1 \to 3R_3 + R_1\\ R_2 \to -3R_3 + R_2\end{matrix} \Rightarrow \begin{bmatrix}1&0&0&9\\0&1&0&-8\\0&0&1&3\end{bmatrix}$$

即為化簡後的列階梯形矩陣

例 18 若 $A = \begin{bmatrix}1&2&-3&1&2\\1&2&-4&2&1\\2&4&-6&0&8\end{bmatrix}$，(1) 將 A 化成列階梯形矩陣，(2) 將 A 化成化簡後的列階梯形矩陣

解 (1) $A = \begin{bmatrix}1&2&-3&1&2\\1&2&-4&2&1\\2&4&-6&0&8\end{bmatrix}$

$$\Rightarrow \begin{matrix}L_2 \to -L_1 + L_2\\ L_3 \to -2L_1 + L_3\end{matrix} \Rightarrow \begin{bmatrix}1&2&-3&1&2\\0&0&-1&1&-1\\0&0&0&-2&4\end{bmatrix}$$

此為列階梯形矩陣

$$(2) \Rightarrow \begin{array}{l} L_2 \to -L_2 \\ L_3 \to -\frac{1}{2}L_3 \end{array} \Rightarrow \begin{bmatrix} 1 & 2 & -3 & 1 & 2 \\ 0 & 0 & 1 & -1 & 1 \\ 0 & 0 & 0 & 1 & -2 \end{bmatrix}$$

$$\Rightarrow \begin{array}{l} L_1 \to L_1 + 3L_2 \\ \text{後再} \\ L_2 \to L_2 + L_3 \end{array} \Rightarrow \begin{bmatrix} 1 & 2 & 0 & -2 & 5 \\ 0 & 0 & 1 & 0 & -1 \\ 0 & 0 & 0 & 1 & -2 \end{bmatrix}$$

$$\Rightarrow L_1 \to L_1 + 2L_3 \Rightarrow \begin{bmatrix} 1 & 2 & 0 & 0 & 1 \\ 0 & 0 & 1 & 0 & -1 \\ 0 & 0 & 0 & 1 & -2 \end{bmatrix}$$

此為化簡後的列階梯形矩陣

2.3 反矩陣

24.【反矩陣】(1) 若方陣 A 存在另一個方陣 B，使得

$$AB = BA = I_n，$$

式中 I_n 是單位矩陣，則方陣 A 稱爲可逆的（Invertible），且方陣 B 是唯一的。

(2) 方陣 B 也可表示成 A^{-1}，稱爲 A 的反矩陣，即

$$AA^{-1} = I_n = A^{-1}A。$$

(3) 只有當行列式 $|A| \neq 0$，A 的反矩陣 A^{-1} 才存在；或 A 是可逆矩陣時，A^{-1} 才存在。

註：必須要方陣，才有反矩陣

(4) (a) 若 $ABC = D$，則 $A^{-1}ABC = A^{-1}D \Rightarrow BC = A^{-1}D$

(b) 若 $A\vec{x} = \vec{b}$，則 $\vec{x} = A^{-1}\vec{b}$

(5) $(AB)^{-1}=B^{-1}A^{-1}$、$(ABC)^{-1}=C^{-1}B^{-1}A^{-1}$

(6) 若 $c\in R$，則 $(cA)^{-1}=\dfrac{1}{c}A^{-1}$

(7) $(A^k)^{-1}=(A\cdot A\cdot\cdots\cdot A)^{-1}=A^{-1}\cdot A^{-1}\cdot\cdots\cdot A^{-1}=(A^{-1})^k$

25.【反矩陣的求法】(1) 求反矩陣 A^{-1} 的步驟如下：

步驟 1：將方陣 A 擴充為 $[A|I_n]$；

步驟 2：將 $[A|I_n]$ 利用列基本運算，運算成左邊為 I_n 矩陣，即為 $[I_n|B]$；

步驟 3：此時的 B 就是 A 的反矩陣，即為 $B=A^{-1}$。

(2) 求方陣 A 的反矩陣 A^{-1}，除了可使用上面的方法外，也可以用第三章行列式的方法解之。

例 19 若 $A=\begin{bmatrix}2&3\\1&2\end{bmatrix}$，求 (1) $A^{-1}=$？；(2) $AA^{-1}=$？

解 (1) $\left[\begin{array}{cc|cc}2&3&1&0\\1&2&0&1\end{array}\right]\Rightarrow\begin{array}{c}L_1\to\frac{1}{2}L_1\\ \text{後再}\\ L_2\to -L_1+L_2\end{array}\Rightarrow\left[\begin{array}{cc|cc}1&\frac{3}{2}&\frac{1}{2}&0\\0&\frac{1}{2}&-\frac{1}{2}&1\end{array}\right]$

$\Rightarrow\begin{array}{c}L_2\to 2L_2\\ \text{後再}\\ L_1\to L_1-\frac{3}{2}L_2\end{array}\Rightarrow\left[\begin{array}{cc|cc}1&0&2&-3\\0&1&-1&2\end{array}\right]$

所以 $A^{-1}=\begin{bmatrix}2&-3\\-1&2\end{bmatrix}$

(2) $AA^{-1}=\begin{bmatrix}2&3\\1&2\end{bmatrix}\begin{bmatrix}2&-3\\-1&2\end{bmatrix}=\begin{bmatrix}1&0\\0&1\end{bmatrix}$

例 20 若 $A=\begin{bmatrix}1&1&1\\2&1&2\\2&1&1\end{bmatrix}$，求 (1) A^{-1}；(2) 證明 $AA^{-1}=I_3$

解 (1) $\left[\begin{array}{ccc|ccc}1&1&1&1&0&0\\2&1&2&0&1&0\\2&1&1&0&0&1\end{array}\right]$

$$\Rightarrow \begin{matrix}L_2\to -2L_1+L_2\\L_3\to -2L_1+L_3\end{matrix} \Rightarrow \left[\begin{array}{ccc|ccc}1&1&1&1&0&0\\0&-1&0&-2&1&0\\0&-1&-1&-2&0&1\end{array}\right]$$

$$\Rightarrow \begin{matrix}L_2\to -L_2\\ \text{後再}\\ L_3\to L_2+L_3\end{matrix} \Rightarrow \left[\begin{array}{ccc|ccc}1&1&1&1&0&0\\0&1&0&2&-1&0\\0&0&-1&0&-1&1\end{array}\right]$$

$$\Rightarrow \begin{matrix}L_3\to -L_3\\ \text{後再}\\ L_1\to L_1-L_2-L_3\end{matrix} \Rightarrow \left[\begin{array}{ccc|ccc}1&0&0&-1&0&1\\0&1&0&2&-1&0\\0&0&1&0&1&-1\end{array}\right]$$

所以 $A^{-1}=\begin{bmatrix}-1&0&1\\2&-1&0\\0&1&-1\end{bmatrix}$

(2) $AA^{-1}=\begin{bmatrix}1&1&1\\2&1&2\\2&1&1\end{bmatrix}\begin{bmatrix}-1&0&1\\2&-1&0\\0&1&-1\end{bmatrix}=\begin{bmatrix}1&0&0\\0&1&0\\0&0&1\end{bmatrix}=I_3$

例 21 對角線矩陣 $A=\begin{bmatrix} a_1 & 0 & \cdots & 0 \\ 0 & a_2 & \cdots & 0 \\ \cdots & \cdots & \cdots & \cdots \\ 0 & 0 & \cdots & a_n \end{bmatrix}$，(1) 在甚麼條件下，其反矩陣才存在？(2) 其反矩陣値爲何？

解 (1) 只有在每個 a_i 都不是 0 時，其反矩陣才存在

(2) $\left[\begin{array}{cccc|cccc} a_1 & 0 & \cdots & 0 & 1 & 0 & \cdots & 0 \\ 0 & a_2 & \cdots & 0 & 0 & 1 & \cdots & 0 \\ 0 & 0 & \ddots & \vdots & \vdots & \vdots & \ddots & \vdots \\ 0 & 0 & \cdots & a_n & 0 & 0 & \cdots & 1 \end{array}\right]$

$$\Rightarrow \begin{matrix} L_1 \to L_1/a_1 \\ L_2 \to L_2/a_2 \\ \vdots \\ L_n \to L_n/a_n \end{matrix} \Rightarrow \left[\begin{array}{cccc|cccc} 1 & 0 & \cdots & 0 & a_1^{-1} & 0 & \cdots & 0 \\ 0 & 1 & \cdots & 0 & 0 & a_2^{-1} & \cdots & 0 \\ 0 & 0 & \ddots & \vdots & \vdots & \vdots & \ddots & \vdots \\ 0 & 0 & \cdots & 1 & 0 & 0 & \cdots & a_n^{-1} \end{array}\right]$$

$$\Rightarrow A^{-1}=\begin{bmatrix} a_1^{-1} & 0 & \cdots & 0 \\ 0 & a_2^{-1} & \cdots & 0 \\ \cdots & \cdots & \cdots & \cdots \\ 0 & 0 & \cdots & a_n^{-1} \end{bmatrix}$$

2.4 LU- 分解

26.【再談列基本運算】矩陣 A 的列基本運算，可以用 E_iA 來做到，底下的矩陣 A 以 3×3 的方陣爲例來說明：

$[E_1]$：第 i 列和第 j 列對調：$R_i \leftrightarrow R_j$。

例如：若將第一列和第二列對調，則由 I_3 做此動作

$$I_3=\begin{bmatrix}1&0&0\\0&1&0\\0&0&1\end{bmatrix}\Rightarrow R_1\leftrightarrow R_2\Rightarrow E_1=\begin{bmatrix}0&1&0\\1&0&0\\0&0&1\end{bmatrix},$$

只要 E_1 乘 A，即可將矩陣 A 的第一列和第二列對調。

$[E_2]$：第 i 列乘以一個非零的純量 k：$R_i\to kR_i$，$k\neq 0$。

例如：若將第二列乘以 5，則由 I_3 做此動作

$$I_3=\begin{bmatrix}1&0&0\\0&1&0\\0&0&1\end{bmatrix}\Rightarrow R_2\to 5R_2\Rightarrow E_2=\begin{bmatrix}1&0&0\\0&5&0\\0&0&1\end{bmatrix},$$

只要 E_2 乘 A，即可將矩陣 A 的第二列乘以 5。

$[E_3]$：第 j 列乘以一個非零的純量 k 加到第 i 列：

$R_i\to kR_j+R_i$，$k\neq 0$。

例如：若將第一列乘以 5 加到第二列，則

$$I_3=\begin{bmatrix}1&0&0\\0&1&0\\0&0&1\end{bmatrix}\Rightarrow R_2\to 5R_1+R_2\Rightarrow E_3=\begin{bmatrix}1&0&0\\5&1&0\\0&0&1\end{bmatrix},$$

只要 E_3 乘 A 即可。

$[E_4]$：第 i 列和 j 列各乘以一個非零的純量取代第 i 列：

$R_i\to k_1R_i+k_2R_j$，$k_1, k_2\neq 0$。

例如：若將第一列乘以 5 加到第二列乘以 3，則

$$I_3=\begin{bmatrix}1&0&0\\0&1&0\\0&0&1\end{bmatrix}\Rightarrow R_2\to 5R_1+3R_2\Rightarrow E_4=\begin{bmatrix}1&0&0\\5&3&0\\0&0&1\end{bmatrix},$$

只要 E_4 乘 A 即可。

例 22 令 $A=\begin{bmatrix}1&2&1\\2&3&2\\3&2&1\end{bmatrix}$，利用 E_iA 的做法，(1) 將矩陣 A 的第一列和第二列對調；(2) 將第一列乘以 5 加到第二列乘以 3

解 (1) $E_1A=\begin{bmatrix}0&1&0\\1&0&0\\0&0&1\end{bmatrix}\begin{bmatrix}1&2&1\\2&3&2\\3&2&1\end{bmatrix}=\begin{bmatrix}2&3&2\\1&2&1\\3&2&1\end{bmatrix}$

(2) $E_4A=\begin{bmatrix}1&0&0\\5&3&0\\0&0&1\end{bmatrix}\begin{bmatrix}1&2&1\\2&3&2\\3&2&1\end{bmatrix}=\begin{bmatrix}1&2&1\\11&19&11\\3&2&1\end{bmatrix}$

27.【LU- 分解】(1) 方陣 A 可以分解成二個三角形矩陣相乘，即 $A=LU$，其中 L（Low）是下三角形矩陣，U（Upper）是上三角形矩陣。

(2) 作法：(a) 將方陣 A 經過一些列基本列運算後（即先做 E_{i1}、再做 E_{i2}、……、最後做 E_{in}），化成上三角形矩陣，也就是

$E_{in} \cdots E_{i2}E_{i1}A = U$

（其中 U 為上三角形矩陣）

(b) $A = (E_{in} \cdots E_{i2}E_{i1})^{-1}U$ 或 $A = (E_{i1}^{-1}E_{i2}^{-1} \cdots E_{in}^{-1})U$

(c) 而 $(E_{in} \cdots E_{i2}E_{i1})^{-1}$ 乘起來會是一個下三角形矩陣，

令 $L = (E_{in} \cdots E_{i2}E_{i1})^{-1}$（代入 (b)）

(d) 所以 $A = LU$

28.【列基本運算的反矩陣】列基本運算的反矩陣可以很容易算出：

(1) $[E_1]$：$R_i \leftrightarrow R_j$，其反矩陣為$[E_1]^{-1} = [E_1]$

例如：上例（第 26 點）$[E_1] = \begin{bmatrix} 0 & 1 & 0 \\ 1 & 0 & 0 \\ 0 & 0 & 1 \end{bmatrix}$，則

$$[E_1]^{-1} = \begin{bmatrix} 0 & 1 & 0 \\ 1 & 0 & 0 \\ 0 & 0 & 1 \end{bmatrix}$$

(2) $[E_2]$：$R_i \to kR_i$，其反矩陣為 $[E_2(k)]^{-1} = [E_2(\frac{1}{k})]$

例如：上例（第 26 點）$[E_2] = \begin{bmatrix} 1 & 0 & 0 \\ 0 & 5 & 0 \\ 0 & 0 & 1 \end{bmatrix}$，則

$$[E_2]^{-1} = \begin{bmatrix} 1 & 0 & 0 \\ 0 & 1/5 & 0 \\ 0 & 0 & 1 \end{bmatrix}$$

(3) $[E_3]$：$R_i \to kR_j + R_i$，其反矩陣為$[E_3(k)]^{-1} = [E_3(-k)]$

> 例如：上例（第 26 點）$[E_3]=\begin{bmatrix}1&0&0\\5&1&0\\0&0&1\end{bmatrix}$，則
>
> $$[E_3]^{-1}=\begin{bmatrix}1&0&0\\-5&1&0\\0&0&1\end{bmatrix}$$

例 23 矩陣 $A=\begin{bmatrix}1&4&3\\-1&-2&0\\2&2&3\end{bmatrix}$，利用基本列運算 E_1、E_2、E_3，使得 $E_3E_2E_1A=U$，其中 U 是上三角矩陣，求 $(E_3E_2E_1)^{-1}=$ ？

解 (1) 將方陣 A 運算成上三角形矩陣

$$\begin{bmatrix}1&4&3\\-1&-2&0\\2&2&3\end{bmatrix}\Rightarrow\begin{matrix}\text{(a) }R_2\to R_1+R_2\\\text{(b) }R_3\to R_3-2R_1\end{matrix}\Rightarrow\begin{bmatrix}1&4&3\\0&2&3\\0&-6&-3\end{bmatrix}$$

$$\Rightarrow\text{(c) }R_3\to R_3+3R_2\Rightarrow\begin{bmatrix}1&4&3\\0&2&3\\0&0&6\end{bmatrix}\Rightarrow U=\begin{bmatrix}1&4&3\\0&2&3\\0&0&6\end{bmatrix}$$

(2) 上面三個列運算矩陣為：

$$\text{(a) }R_2\to R_1+R_2\Rightarrow E_1=\begin{bmatrix}1&0&0\\1&1&0\\0&0&1\end{bmatrix}\Rightarrow E_1^{-1}=\begin{bmatrix}1&0&0\\-1&1&0\\0&0&1\end{bmatrix}$$

$$\text{(b) }R_3\to R_3-2R_1\Rightarrow E_2=\begin{bmatrix}1&0&0\\0&1&0\\-2&0&1\end{bmatrix}\Rightarrow E_2^{-1}=\begin{bmatrix}1&0&0\\0&1&0\\2&0&1\end{bmatrix}$$

(c) $R_3 \to R_3 + 3R_2 \Rightarrow E_3 = \begin{bmatrix} 1 & 0 & 0 \\ 0 & 1 & 0 \\ 0 & 3 & 1 \end{bmatrix} \Rightarrow E_3^{-1} = \begin{bmatrix} 1 & 0 & 0 \\ 0 & 1 & 0 \\ 0 & -3 & 1 \end{bmatrix}$

即 $E_3E_2E_1A = U \Rightarrow A = (E_3E_2E_1)^{-1}U = LU$

(3) 下三角形矩陣為：

$$E_3E_2E_1 = \begin{bmatrix} 1 & 0 & 0 \\ 0 & 1 & 0 \\ 0 & 3 & 1 \end{bmatrix} \begin{bmatrix} 1 & 0 & 0 \\ 0 & 1 & 0 \\ -2 & 0 & 1 \end{bmatrix} \begin{bmatrix} 1 & 0 & 0 \\ 1 & 1 & 0 \\ 0 & 0 & 1 \end{bmatrix}$$

$$= \begin{bmatrix} 1 & 0 & 0 \\ 0 & 1 & 0 \\ -2 & 3 & 1 \end{bmatrix} \begin{bmatrix} 1 & 0 & 0 \\ 1 & 1 & 0 \\ 0 & 0 & 1 \end{bmatrix} = \begin{bmatrix} 1 & 0 & 0 \\ 1 & 1 & 0 \\ 1 & 3 & 1 \end{bmatrix}$$

$$(E_3E_2E_1)^{-1} = \begin{bmatrix} 1 & 0 & 0 \\ 1 & 1 & 0 \\ 1 & 3 & 1 \end{bmatrix}^{-1} = \begin{bmatrix} 1 & 0 & 0 \\ -1 & 1 & 0 \\ 2 & -3 & 1 \end{bmatrix} = L$$

另解 $(E_3E_2E_1)^{-1} = E_1^{-1}E_2^{-1}E_3^{-1} = \begin{bmatrix} 1 & 0 & 0 \\ -1 & 1 & 0 \\ 0 & 0 & 1 \end{bmatrix} \begin{bmatrix} 1 & 0 & 0 \\ 0 & 1 & 0 \\ 2 & 0 & 1 \end{bmatrix} \begin{bmatrix} 1 & 0 & 0 \\ 0 & 1 & 0 \\ 0 & -3 & 1 \end{bmatrix}$

$$= \begin{bmatrix} 1 & 0 & 0 \\ -1 & 1 & 0 \\ 2 & -3 & 1 \end{bmatrix} = L$$

(4) 結果為 $U = \begin{bmatrix} 1 & 4 & 3 \\ 0 & 2 & 3 \\ 0 & 0 & 6 \end{bmatrix}$，$L = \begin{bmatrix} 1 & 0 & 0 \\ -1 & 1 & 0 \\ 2 & -3 & 1 \end{bmatrix}$

例 24 設矩陣 $A=\begin{bmatrix}2 & 4 & 2\\ 1 & 1 & 2\\ -1 & 0 & 2\end{bmatrix}$，請將 A 分解成 L 和 U 矩陣？

解 (1) 將矩陣 A 運算成上三角形矩陣

$$\begin{bmatrix}2 & 4 & 2\\ 1 & 1 & 2\\ -1 & 0 & 2\end{bmatrix}\Rightarrow\begin{matrix}\text{(a)}\ R_2\to-\frac{1}{2}R_1+R_2\\ \text{(b)}\ R_3\to\frac{1}{2}R_1+R_3\end{matrix}\Rightarrow\begin{bmatrix}2 & 4 & 2\\ 0 & -1 & 1\\ 0 & 2 & 3\end{bmatrix}$$

$$\Rightarrow\text{(c)}\ R_3\to R_3+2R_2\Rightarrow\begin{bmatrix}2 & 4 & 2\\ 0 & -1 & 1\\ 0 & 0 & 5\end{bmatrix}\Rightarrow U=\begin{bmatrix}2 & 4 & 2\\ 0 & -1 & 1\\ 0 & 0 & 5\end{bmatrix}$$

(2) 上面三個列運算矩陣為：

$$\text{(a)}\ R_2\to-\frac{1}{2}R_1+R_2\Rightarrow E_1=\begin{bmatrix}1 & 0 & 0\\ -\frac{1}{2} & 1 & 0\\ 0 & 0 & 1\end{bmatrix}\Rightarrow E_1^{-1}=\begin{bmatrix}1 & 0 & 0\\ \frac{1}{2} & 1 & 0\\ 0 & 0 & 1\end{bmatrix}$$

$$\text{(b)}\ R_3\to\frac{1}{2}R_1+R_3\Rightarrow E_2=\begin{bmatrix}1 & 0 & 0\\ 0 & 1 & 0\\ \frac{1}{2} & 0 & 1\end{bmatrix}\Rightarrow E_2^{-1}=\begin{bmatrix}1 & 0 & 0\\ 0 & 1 & 0\\ -\frac{1}{2} & 0 & 1\end{bmatrix}$$

$$\text{(c)}\ R_3\to R_3+2R_2\Rightarrow E_3=\begin{bmatrix}1 & 0 & 0\\ 0 & 1 & 0\\ 0 & 2 & 1\end{bmatrix}\Rightarrow E_3^{-1}=\begin{bmatrix}1 & 0 & 0\\ 0 & 1 & 0\\ 0 & -2 & 1\end{bmatrix}$$

(3) 下三角形矩陣為：

$$E_3E_2E_1A=U\Rightarrow A=(E_3E_2E_1)^{-1}U=LU$$

而 $E_3E_2E_1=\begin{bmatrix}1 & 0 & 0\\ 0 & 1 & 0\\ 0 & 2 & 1\end{bmatrix}\begin{bmatrix}1 & 0 & 0\\ 0 & 1 & 0\\ \frac{1}{2} & 0 & 1\end{bmatrix}\begin{bmatrix}1 & 0 & 0\\ -\frac{1}{2} & 1 & 0\\ 0 & 0 & 1\end{bmatrix}$

$$=\begin{bmatrix}1&0&0\\0&1&0\\\frac{1}{2}&2&1\end{bmatrix}\begin{bmatrix}1&0&0\\-\frac{1}{2}&1&0\\0&0&1\end{bmatrix}=\begin{bmatrix}1&0&0\\-\frac{1}{2}&1&0\\-\frac{1}{2}&2&1\end{bmatrix}$$

$$(E_3E_2E_1)^{-1}=\begin{bmatrix}1&0&0\\-\frac{1}{2}&1&0\\-\frac{1}{2}&2&1\end{bmatrix}^{-1}=\begin{bmatrix}1&0&0\\\frac{1}{2}&1&0\\-\frac{1}{2}&-2&1\end{bmatrix}=L$$

另解 $(E_3E_2E_1)^{-1}=E_1^{-1}E_2^{-1}E_3^{-1}=\begin{bmatrix}1&0&0\\\frac{1}{2}&1&0\\0&0&1\end{bmatrix}\begin{bmatrix}1&0&0\\0&1&0\\-\frac{1}{2}&0&1\end{bmatrix}\begin{bmatrix}1&0&0\\0&1&0\\0&-2&1\end{bmatrix}$

$$=\begin{bmatrix}1&0&0\\\frac{1}{2}&1&0\\-\frac{1}{2}&-2&1\end{bmatrix}=L$$

(4) 結果為：$U=\begin{bmatrix}2&4&2\\0&-1&1\\0&0&5\end{bmatrix}$，$L=\begin{bmatrix}1&0&0\\\frac{1}{2}&1&0\\\frac{-1}{2}&-2&1\end{bmatrix}$

2.5 矩陣與線性方程組

29.【線性方程組】下列是一組線性方程組：

$$a_{11}x_1+a_{12}x_2+\cdots+a_{1n}x_n=b_1$$
$$a_{21}x_1+a_{22}x_2+\cdots+a_{2n}x_n=b_2$$
$$\cdots\cdots\cdots\cdots$$
$$a_{m1}x_1+a_{m2}x_2+\cdots+a_{mn}x_n=b_m$$

30.【係數矩陣與擴大矩陣】上式線性方程組也可表示成下面的矩陣方程式

$$\begin{bmatrix} a_{11} & a_{12} & \cdots & a_{1n} \\ a_{21} & a_{22} & \cdots & a_{2n} \\ \cdots & \cdots & \cdots & \cdots \\ a_{m1} & a_{m2} & \cdots & a_{mn} \end{bmatrix} \begin{bmatrix} x_1 \\ x_2 \\ \vdots \\ x_n \end{bmatrix} = \begin{bmatrix} b_1 \\ b_2 \\ \vdots \\ b_m \end{bmatrix} \text{或 } A\vec{x} = \vec{b}$$

其中：(1) 矩陣 A 稱爲此方程組的「係數矩陣」；

(2) 矩陣 $\begin{bmatrix} a_{11} & a_{12} & \cdots & a_{1n} & b_1 \\ a_{21} & a_{22} & \cdots & a_{2n} & b_2 \\ \cdots & \cdots & \cdots & \cdots & \vdots \\ a_{m1} & a_{m2} & \cdots & a_{mn} & b_m \end{bmatrix}$ 稱爲此方程組的「擴大矩陣（Augmented matrix）」。

31.【高斯消去法】若線性方程組有 n 個方程式，n 個未知數，

將擴大矩陣 $\begin{bmatrix} a_{11} & a_{12} & \cdots & a_{1n} & b_1 \\ a_{21} & a_{22} & \cdots & a_{2n} & b_2 \\ \cdots & \cdots & \cdots & \cdots & \vdots \\ a_{n1} & a_{n2} & \cdots & a_{nn} & b_n \end{bmatrix}$

用列基本運算化簡成 $\begin{bmatrix} 1 & 0 & \cdots & 0 & b_1' \\ 0 & 1 & \cdots & 0 & b_2' \\ \cdots & \cdots & \cdots & \cdots & \vdots \\ 0 & 0 & \cdots & 1 & b_n' \end{bmatrix}$，則此線性方程組之解：$x_1 = b_1', x_2 = b_2', \cdots x_n = b_n'$

此方法稱爲高斯消去法。

（註：此方法與 1.2 節的方法同，只是本節是以矩陣形式呈現，而 1.2 節是以方程組的方式呈現）

例 25 求線性方程組 $\begin{cases} x-3y+z=1 \\ 2x+y-z=3 \\ x-2y+z=2 \end{cases}$，的 (1) 係數矩陣、(2) 擴大矩陣、(3) 矩陣方程式？(4) 此線性方程組的解

解 (1) 係數矩陣為 $A=\begin{bmatrix} 1 & -3 & 1 \\ 2 & 1 & -1 \\ 1 & -2 & 1 \end{bmatrix}$

(2) 擴大矩陣為 $\begin{bmatrix} 1 & -3 & 1 & 1 \\ 2 & 1 & -1 & 3 \\ 1 & -2 & 1 & 2 \end{bmatrix}$

(3) 矩陣方程式 $A\vec{x}=\vec{b} \Rightarrow \begin{bmatrix} 1 & -3 & 1 \\ 2 & 1 & -1 \\ 1 & -2 & 1 \end{bmatrix}\begin{bmatrix} x \\ y \\ z \end{bmatrix}=\begin{bmatrix} 1 \\ 3 \\ 2 \end{bmatrix}$

(4) 將擴大矩陣化簡成 $\begin{bmatrix} 1 & 0 & 0 & b_1 \\ 0 & 1 & 0 & b_2 \\ 0 & 0 & 1 & b_3 \end{bmatrix}$

擴大矩陣為 $\begin{bmatrix} 1 & -3 & 1 & 1 \\ 2 & 1 & -1 & 3 \\ 1 & -2 & 1 & 2 \end{bmatrix}$

$$\Rightarrow \begin{matrix} R_2 \to R_2-2R_1 \\ R_3 \to R_3-R_1 \end{matrix} \Rightarrow \begin{bmatrix} 1 & -3 & 1 & 1 \\ 0 & 7 & -3 & 1 \\ 0 & 1 & 0 & 1 \end{bmatrix}$$

$$\Rightarrow \begin{matrix} R_1 \to R_1+3R_3 \\ R_2 \to 7R_3-R_2 \end{matrix} \Rightarrow \begin{bmatrix} 1 & 0 & 1 & 4 \\ 0 & 0 & 3 & 6 \\ 0 & 1 & 0 & 1 \end{bmatrix}$$

$$\Rightarrow \begin{matrix} R_2 \leftrightarrow R_3 \\ R_3 \to \frac{1}{3}R_3 \end{matrix} \Rightarrow \begin{bmatrix} 1 & 0 & 1 & 4 \\ 0 & 1 & 0 & 1 \\ 0 & 0 & 1 & 2 \end{bmatrix}$$

$$\Rightarrow R_1 \to R_1 - R_3 \Rightarrow \begin{bmatrix} 1 & 0 & 0 & 2 \\ 0 & 1 & 0 & 1 \\ 0 & 0 & 1 & 2 \end{bmatrix}$$

所以解為 $x=2$，$y=1$，$z=2$

例 26 求線性方程組 $\begin{cases} x+y=3 \\ y+z=3 \\ z+x=2 \end{cases}$，的 (1) 係數矩陣、(2) 擴大矩陣、(3) 矩陣方程式？(4) 此線性方程組的解

解 線性方程組改成 $\begin{cases} x+y+0z=3 \\ 0x+y+z=3 \\ x+0y+z=2 \end{cases}$

(1) 係數矩陣為 $A=\begin{bmatrix} 1 & 1 & 0 \\ 0 & 1 & 1 \\ 1 & 0 & 1 \end{bmatrix}$

(2) 擴大矩陣為 $\begin{bmatrix} 1 & 1 & 0 & 3 \\ 0 & 1 & 1 & 3 \\ 1 & 0 & 1 & 2 \end{bmatrix}$

(3) 矩陣方程式 $A\vec{x}=\vec{b} \Rightarrow \begin{bmatrix} 1 & 1 & 0 \\ 0 & 1 & 1 \\ 1 & 0 & 1 \end{bmatrix}\begin{bmatrix} x \\ y \\ z \end{bmatrix}=\begin{bmatrix} 3 \\ 3 \\ 2 \end{bmatrix}$

(4) 將擴大矩陣化簡成 $\begin{bmatrix} 1 & 0 & 0 & b_1 \\ 0 & 1 & 0 & b_2 \\ 0 & 0 & 1 & b_3 \end{bmatrix}$

擴大矩陣為 $\begin{bmatrix} 1 & 1 & 0 & 3 \\ 0 & 1 & 1 & 3 \\ 1 & 0 & 1 & 2 \end{bmatrix}$

$$\Rightarrow R_3 \to R_3 - R_1 \Rightarrow \begin{bmatrix} 1 & 1 & 0 & 3 \\ 0 & 1 & 1 & 3 \\ 0 & -1 & 1 & -1 \end{bmatrix}$$

$$\Rightarrow \begin{matrix} R_1 \to R_1 - R_2 \\ R_3 \to R_3 + R_2 \end{matrix} \Rightarrow \begin{bmatrix} 1 & 0 & -1 & 0 \\ 0 & 1 & 1 & 3 \\ 0 & 0 & 2 & 2 \end{bmatrix}$$

$$\Rightarrow R_2 \to \frac{1}{2} R_2 \Rightarrow \begin{bmatrix} 1 & 0 & -1 & 0 \\ 0 & 1 & 1 & 3 \\ 0 & 0 & 1 & 1 \end{bmatrix}$$

$$\Rightarrow \begin{matrix} R_1 \to R_1 + R_3 \\ R_2 \to R_2 - R_3 \end{matrix} \Rightarrow \begin{bmatrix} 1 & 0 & 0 & 1 \\ 0 & 1 & 0 & 2 \\ 0 & 0 & 1 & 1 \end{bmatrix}$$

所以解為 $x = 1$，$y = 2$，$z = 1$

例 27 底下方程組中的 b_1，b_2，b_3，b_4，要滿足那些條件其才會有解

$$(1) \begin{bmatrix} 1 & 2 \\ 2 & 4 \\ 2 & 5 \\ 3 & 9 \end{bmatrix} \begin{bmatrix} x_1 \\ x_2 \end{bmatrix} = \begin{bmatrix} b_1 \\ b_2 \\ b_3 \\ b_4 \end{bmatrix}，(2) \begin{bmatrix} 1 & 2 & 3 \\ 2 & 4 & 6 \\ 2 & 5 & 7 \\ 3 & 9 & 12 \end{bmatrix} \begin{bmatrix} x_1 \\ x_2 \\ x_3 \end{bmatrix} = \begin{bmatrix} b_1 \\ b_2 \\ b_3 \\ b_4 \end{bmatrix}$$

做法　有解的條件是不能發生「不為 0 的值等於 0」的矛盾現象

解 (1) $\begin{bmatrix} 1 & 2 & b_1 \\ 2 & 4 & b_2 \\ 2 & 5 & b_3 \\ 3 & 9 & b_4 \end{bmatrix} \Rightarrow \begin{bmatrix} 1 & 2 & b_1 \\ 0 & 0 & b_2-2b_1 \\ 0 & 1 & b_3-2b_1 \\ 0 & 3 & b_4-3b_1 \end{bmatrix}$

$$\Rightarrow \begin{bmatrix} 1 & 2 & b_1 \\ 0 & 0 & b_2-2b_1 \\ 0 & 1 & b_3-2b_1 \\ 0 & 0 & b_4-3b_1-3(b_3-2b_1) \end{bmatrix} \Rightarrow \begin{bmatrix} 1 & 2 & b_1 \\ 0 & 1 & b_3-2b_1 \\ 0 & 0 & b_2-2b_1 \\ 0 & 0 & 3b_1-3b_3+b_4 \end{bmatrix}$$

它要有解，必須 $b_2-2b_1=0$ 且 $3b_1-3b_3+b_4=0$

(2) $\begin{bmatrix} 1 & 2 & 3 & b_1 \\ 2 & 4 & 6 & b_2 \\ 2 & 5 & 7 & b_3 \\ 3 & 9 & 12 & b_4 \end{bmatrix} \Rightarrow \begin{bmatrix} 1 & 2 & 3 & b_1 \\ 0 & 0 & 0 & b_2-2b_1 \\ 0 & 1 & 1 & b_3-2b_1 \\ 0 & 3 & 3 & b_4-3b_1 \end{bmatrix}$

$$\Rightarrow \begin{bmatrix} 1 & 2 & 3 & b_1 \\ 0 & 0 & 0 & b_2-2b_1 \\ 0 & 1 & 1 & b_3-2b_1 \\ 0 & 0 & 0 & b_4-3b_1-3(b_3-2b_1) \end{bmatrix}$$

它要有解，必須

$b_2-2b_1=0$ 且 $b_4-3b_1-3(b_3-2b_1)=0$

也就是 $2b_1-b_2=0$ 且 $3b_1-3b_3+b_4=0$

練習題

1. 設 $A=\begin{bmatrix}1 & -1 & 2\\ 0 & 3 & 4\end{bmatrix}$、$B=\begin{bmatrix}4 & 0 & -3\\ -1 & -2 & 3\end{bmatrix}$、

$C=\begin{bmatrix}2 & -3 & 0 & 1\\ 5 & -1 & -4 & 2\\ -1 & 0 & 0 & 3\end{bmatrix}$、$D=\begin{bmatrix}2\\ -1\\ 3\end{bmatrix}$

求 (a) (1) $A+B=$？；(2) $A+C=$？；(3) $3A-4B=$？

(b) (1) $AB=$？；(2) $AC=$？；(3) $AD=$？；(4) $BC=$？；

(5) $BD=$？；(6) $CD=$？；

(c) (1) $A^T=$？；(2) $A^TC=$？；(3) $D^TA^T=$？；

(4) $B^TA=$？；(5) $D^TD=$？；(6) $DD^T=$？

答：(a) (1) $\begin{bmatrix}5 & -1 & -1\\ -1 & 1 & 7\end{bmatrix}$；(2) 無定義；

(3) $\begin{bmatrix}-13 & -3 & 18\\ 4 & 17 & 0\end{bmatrix}$

(b) (1) 無定義；(2) $\begin{bmatrix}-5 & -2 & 4 & 5\\ 11 & -3 & -12 & 18\end{bmatrix}$；

(3) $\begin{bmatrix}9\\ 9\end{bmatrix}$；(4) $\begin{bmatrix}11 & -12 & 0 & -5\\ -15 & 5 & 8 & 4\end{bmatrix}$；

(5) $\begin{bmatrix}-1\\ 9\end{bmatrix}$；(6) 無定義

(c) (1) $\begin{bmatrix}1 & 0\\ -1 & 3\\ 2 & 4\end{bmatrix}$；(2) 無定義；(3) $[9 \quad 9]$；

$$(4)\begin{bmatrix}4 & -7 & 4\\0 & -6 & -8\\-3 & 12 & 6\end{bmatrix}；(5)\ 14；$$

$$(6)\begin{bmatrix}4 & -2 & 6\\-2 & 1 & -3\\6 & -3 & 9\end{bmatrix}$$

2. 設 $A=\begin{bmatrix}2 & 4\\3 & 1\\5 & -2\\-6 & 3\end{bmatrix}$，$B=\begin{bmatrix}3 & 7\\-7 & 2\\4 & 5\\2 & -1\end{bmatrix}$，求

(1) AB^T，(2) A^TB

答：(1) $AB^T=\begin{bmatrix}34 & -6 & 28 & 0\\16 & -19 & 17 & 5\\1 & -39 & 10 & 12\\3 & 48 & -9 & -15\end{bmatrix}$；

(2) $A^TB=\begin{bmatrix}-7 & 51\\3 & 17\end{bmatrix}$

3. 將底下 A 矩陣 (1) 化成列階梯形矩陣；(2) 再化成化簡後的列階梯形矩陣

(a) $A=\begin{bmatrix}1 & 2 & -1 & 2 & 1\\2 & 4 & 1 & -2 & 3\\3 & 6 & 2 & -6 & 5\end{bmatrix}$；

(b) $A=\begin{bmatrix}2 & 3 & -2 & 5 & 1\\3 & -1 & 2 & 0 & 4\\4 & -5 & 6 & -5 & 7\end{bmatrix}$；

(c) $A=\begin{bmatrix}1 & 3 & -1 & 2\\ 0 & 11 & -5 & 3\\ 2 & -5 & 3 & 1\\ 4 & 1 & 1 & 5\end{bmatrix}$；(d) $A=\begin{bmatrix}0 & 1 & 3 & -2\\ 0 & 4 & -1 & 3\\ 0 & 0 & 2 & 1\\ 0 & 5 & -3 & 4\end{bmatrix}$。

答：(a) (1) $\begin{bmatrix}1 & 2 & -1 & 2 & 1\\ 0 & 0 & 3 & -6 & 1\\ 0 & 0 & 0 & -6 & 1\end{bmatrix}$；

(2) $\begin{bmatrix}1 & 2 & 0 & 0 & 4/3\\ 0 & 0 & 1 & 0 & 0\\ 0 & 0 & 0 & 1 & -1/6\end{bmatrix}$

(b) (1) $\begin{bmatrix}2 & 3 & -2 & 5 & 1\\ 0 & -11 & 10 & -15 & 5\\ 0 & 0 & 0 & 0 & 0\end{bmatrix}$；

(2) $\begin{bmatrix}1 & 0 & 4/11 & 5/11 & 13/11\\ 0 & 1 & -10/11 & 15/11 & -5/11\\ 0 & 0 & 0 & 0 & 0\end{bmatrix}$

(c) (1) $\begin{bmatrix}1 & 3 & -1 & 2\\ 0 & 11 & -5 & 3\\ 0 & 0 & 0 & 0\\ 0 & 0 & 0 & 0\end{bmatrix}$；(2) $\begin{bmatrix}1 & 0 & 4/11 & 13/11\\ 0 & 1 & -5/11 & 3/11\\ 0 & 0 & 0 & 0\\ 0 & 0 & 0 & 0\end{bmatrix}$

(d) (1) $\begin{bmatrix}0 & 1 & 3 & -2\\ 0 & 0 & -13 & 11\\ 0 & 0 & 0 & 35\\ 0 & 0 & 0 & 0\end{bmatrix}$；(2) $\begin{bmatrix}0 & 1 & 0 & 0\\ 0 & 0 & 1 & 0\\ 0 & 0 & 0 & 1\\ 0 & 0 & 0 & 0\end{bmatrix}$

4. 設 $A=\begin{bmatrix}2 & 2\\ 3 & -1\end{bmatrix}$，求 (1) A^2；(2) A^3；

(3) 若 $f(x)=x^3-3x^2-2x+4$，求 $f(A)=$；

(4) 若 $g(x)=x^2-x-8$，求 $g(A)=$。

答：(1) $A^2=\begin{bmatrix}10 & 2\\ 3 & 7\end{bmatrix}$；(2) $A^3=\begin{bmatrix}26 & 18\\ 27 & -1\end{bmatrix}$；

(3) $f(A)=\begin{bmatrix}-4 & 8\\ 12 & -16\end{bmatrix}$；(4) $g(A)=\begin{bmatrix}0 & 0\\ 0 & 0\end{bmatrix}$

5. 設 $A=\begin{bmatrix}2 & 0\\ 0 & 3\end{bmatrix}$，$B=\begin{bmatrix}7 & 0\\ 0 & 11\end{bmatrix}$，求 (1) $A+B$；(2) AB；

(3) A^2；(4) A^3；(5) A^n；

答：(1) $A+B=\begin{bmatrix}9 & 0\\ 0 & 14\end{bmatrix}$；(2) $AB=\begin{bmatrix}14 & 0\\ 0 & 33\end{bmatrix}$；

(3) $A^2=\begin{bmatrix}4 & 0\\ 0 & 9\end{bmatrix}$；(4) $A^3=\begin{bmatrix}8 & 0\\ 0 & 27\end{bmatrix}$；

(5) $A^n=\begin{bmatrix}2^n & 0\\ 0 & 3^n\end{bmatrix}$；

6. 求下列矩陣的 A^8 值

$A=\begin{bmatrix}2 & 3\\ 0 & -1\end{bmatrix}$

答：$A^8=\begin{bmatrix}256 & 255\\ 0 & 1\end{bmatrix}$（註：先求 A^2 值、再求 A^4 值、最後求 A^8 值）

7. 求下列矩陣 A 的 A^{-1}

(1) $A=\begin{bmatrix}3 & 2\\ 7 & 5\end{bmatrix}$；(2) $A=\begin{bmatrix}2 & -3\\ 1 & 3\end{bmatrix}$；

(3) $A=\begin{bmatrix}-1 & 2 & -3\\ 2 & 1 & 0\\ 4 & -2 & 5\end{bmatrix}$；(4) $A=\begin{bmatrix}2 & 1 & -1\\ 0 & 2 & 1\\ 5 & 2 & -3\end{bmatrix}$

答：(1) $A^{-1}=\begin{bmatrix}5 & -2\\ -7 & 3\end{bmatrix}$；(2) $A^{-1}=\begin{bmatrix}1/3 & 1/3\\ -1/9 & 2/9\end{bmatrix}$；

(3) $A^{-1}=\begin{bmatrix}-5 & 4 & -3\\ 10 & -7 & 6\\ 8 & -6 & 5\end{bmatrix}$；(4) $A^{-1}=\begin{bmatrix}8 & -1 & -3\\ -5 & 1 & 2\\ 10 & -1 & -4\end{bmatrix}$

8. 設矩陣 $A=\begin{bmatrix}1 & 2 & 1\\ 1 & 0 & 1\\ 1 & 1 & 2\end{bmatrix}$，求 $A^{-1}=?$

答：$A^{-1}=\begin{bmatrix}\frac{1}{2} & \frac{3}{2} & -1\\ \frac{1}{2} & \frac{-1}{2} & 0\\ \frac{-1}{2} & \frac{-1}{2} & 1\end{bmatrix}$

9. 求下列矩陣的反矩陣

$$A=\begin{bmatrix}3 & 2 & 0 & 0\\ 4 & 3 & 0 & 0\\ 2 & 1 & 1 & 0\\ 1 & -1 & 2 & 1\end{bmatrix}$$

答：$A^{-1}=\begin{bmatrix}3 & -2 & 0 & 0\\ -4 & 3 & 0 & 0\\ -2 & 1 & 1 & 0\\ -3 & 3 & -2 & 1\end{bmatrix}$

10. 用高斯消去法解下列的線性方程組

$$\begin{cases}x_1+x_2+x_3=1\\ 2x_1+x_2+3x_3=-1\\ x_1+x_2-2x_3=7\end{cases}，$$

答：$x_1=2$，$x_2=1$，$x_3=-2$

11. 請將下面矩陣 A 分解成 L 和 U 矩陣？

(1) $A=\begin{bmatrix}1 & 2 & 1\\ 2 & 6 & 5\\ 1 & 6 & 8\end{bmatrix}$，(2) $A=\begin{bmatrix}1 & 3 & 2\\ 2 & 9 & 10\\ 2 & 7 & 6\end{bmatrix}$

答：(1) $U=\begin{bmatrix}1 & 2 & 1\\ 0 & 2 & 3\\ 0 & 0 & 1\end{bmatrix}$，$L=\begin{bmatrix}1 & 0 & 0\\ 2 & 1 & 0\\ 1 & 2 & 1\end{bmatrix}$

(2) $U=\begin{bmatrix}1 & 3 & 2\\ 0 & 1 & 2\\ 0 & 0 & 2\end{bmatrix}$，$L=\begin{bmatrix}1 & 0 & 0\\ 2 & 3 & 0\\ 2 & 1 & 0\end{bmatrix}$

12. 設 $P=\begin{bmatrix}3 & 2 & -4\\ 1 & 2 & -2\\ 1 & 1 & -1\end{bmatrix}$，求

求 $P=LU$ 的 L（下三角矩陣）和 U（上三角矩陣）

答：$L=\begin{bmatrix}1 & 0 & 0\\ \frac{1}{3} & 1 & 0\\ \frac{1}{3} & \frac{1}{4} & 1\end{bmatrix}$、$U=\begin{bmatrix}3 & 2 & -4\\ 0 & \frac{4}{3} & \frac{-2}{3}\\ 0 & 0 & \frac{1}{2}\end{bmatrix}$

第 3 章　行列式

3.1　行列式性質

1.【行列式】(1) 每個方陣 A，都指定一個特定的純量，此純量稱爲 A 的行列式值（Determinant），通常表示成 $\det(A)$ 或 $|A|$。

(2) n 階方陣 $A=\begin{bmatrix} a_{11} & a_{12} & \cdots & a_{1n} \\ a_{21} & a_{22} & \cdots & a_{2n} \\ \cdots & \cdots & \cdots & \cdots \\ a_{n1} & a_{n2} & \cdots & a_{nn} \end{bmatrix}$，其行列式表示成

$$|A|=\begin{vmatrix} a_{11} & a_{12} & \cdots & a_{1n} \\ a_{21} & a_{22} & \cdots & a_{2n} \\ \cdots & \cdots & \cdots & \vdots \\ a_{n1} & a_{n2} & \cdots & a_{nn} \end{vmatrix}$$，其結果爲一純量。

(3) 二階行列式求法：

$$\begin{vmatrix} a_{11} & a_{12} \\ a_{21} & a_{22} \end{vmatrix} = a_{11}a_{22} - a_{12}a_{21}$$

(4) 三階行列式求法：

$$\begin{vmatrix} a_{11} & a_{12} & a_{13} \\ a_{21} & a_{22} & a_{23} \\ a_{31} & a_{32} & a_{33} \end{vmatrix} = a_{11}a_{22}a_{33} + a_{12}a_{23}a_{31} + a_{13}a_{32}a_{21} - a_{13}a_{22}a_{31} - a_{12}a_{21}a_{33} - a_{11}a_{23}a_{32}$$

2.【行列式的階】n 階方陣 A，其行列式稱爲 n 階行列式。

3.【行列式求法】二階或三階行列式可以直接展開求其值，但四階（或以上）的行列式要先降階（後面介紹）到二階或三階，再求其值。

例 1 求 (1) $\begin{vmatrix} 1 & 2 \\ 3 & 4 \end{vmatrix} =$；(2) $\begin{vmatrix} 1 & 0 & 2 \\ 2 & 1 & 1 \\ 1 & 2 & 1 \end{vmatrix} =$

解 (1) $\begin{vmatrix} 1 & 2 \\ 3 & 4 \end{vmatrix} = 1\times 4 - 2\times 3 = 4-6 = -2$

(2) $\begin{vmatrix} 1 & 0 & 2 \\ 2 & 1 & 1 \\ 1 & 2 & 1 \end{vmatrix} = 1\cdot 1\cdot 1 + 0\cdot 1\cdot 1 + 2\cdot 2\cdot 2 - 2\cdot 1\cdot 1 - 0\cdot 2\cdot 1 - 1\cdot 2\cdot 1$

$= 1+0+8-2-0-2 = 5$

例 2 求 k 之值，使得 $\begin{vmatrix} k & k \\ 4 & k+1 \end{vmatrix} = 0$

解 $\begin{vmatrix} k & k \\ 4 & k+1 \end{vmatrix} = 0 \Rightarrow k(k+1) - 4k = 0 \Rightarrow k^2 - 3k = 0$

$\Rightarrow k(k-3) = 0$

$\Rightarrow k = 0$ 或 $\Rightarrow k = 3$

4.【行列式的性質（一）】設 A 為 n 階方陣，則：

(1) A 的行列式值和 A 的轉置矩陣行列式值是相同的，即 $|A| = |A^T|$

(2) 若 A 有一行或一列全為零，則 $|A| = 0$

(3) 若 A 有二行或二列完全相同或成比例，則 $|A| = 0$

(4) 若 A 是上三角形或下三角形矩陣，則

$|A|$ = 對角線元素的乘積。

(5) 單位矩陣 $|I_n| = 1$

例 3 求 (1) $\begin{vmatrix} 1 & 2 & 3 \\ 0 & 0 & 0 \\ 3 & 2 & 1 \end{vmatrix} =$；(2) $\begin{vmatrix} 1 & 2 & 3 \\ 2 & 1 & 1 \\ 2 & 4 & 6 \end{vmatrix} =$；(3) $\begin{vmatrix} 1 & 0 & 0 \\ 2 & 2 & 0 \\ 2 & 4 & 6 \end{vmatrix} =$；

(4) $\begin{vmatrix} 1 & 0 & 0 \\ 0 & 1 & 0 \\ 0 & 0 & 1 \end{vmatrix} =$

解 (1) $\begin{vmatrix} 1 & 2 & 3 \\ 0 & 0 & 0 \\ 3 & 2 & 1 \end{vmatrix}$，因第二列全為 0，所以其值為 0；

(2) $\begin{vmatrix} 1 & 2 & 3 \\ 2 & 1 & 1 \\ 2 & 4 & 6 \end{vmatrix}$，因第一列和第三列成比例，所以其值為0；

(3) $\begin{vmatrix} 1 & 0 & 0 \\ 2 & 2 & 0 \\ 2 & 4 & 6 \end{vmatrix} = 1 \cdot 2 \cdot 6 = 12$，三角形矩陣，$|A|$ = 對角線元素的乘積；

(4) $\begin{vmatrix} 1 & 0 & 0 \\ 0 & 1 & 0 \\ 0 & 0 & 1 \end{vmatrix} = 1$，單位矩陣 $|I_n| = 1$

5.【行列式的性質（二）】設 A 爲 n 階方陣，且方陣 B 是方陣 A 經下列運算得到的，則：

(1) 將 A 的一行（或一列）乘以純量 k 得到，則 $|B| = k|A|$

例：$|A| = \begin{vmatrix} 3 & 4 \\ 1 & 2 \end{vmatrix} = 2$，$|B| = \begin{vmatrix} 3\cdot 3 & 4\cdot 3 \\ 1 & 2 \end{vmatrix} = 2\cdot 3 = 6$

(2) 將 A 的二行（或二列）交換得到，則 $|B| = -|A|$

例：$|A| = \begin{vmatrix} 3 & 4 \\ 1 & 2 \end{vmatrix} = 2$，$|B| = \begin{vmatrix} 1 & 2 \\ 3 & 4 \end{vmatrix} = -2$

(3) 將 A 的一行（或一列）乘以一純量再加到另一行（或一列）得到，則 $|B| = |A|$

例：$|A| = \begin{vmatrix} 3 & 4 \\ 1 & 2 \end{vmatrix} = 2$，$|B| = \begin{vmatrix} 3 & 4 \\ 1+3\cdot 2 & 2+4\cdot 2 \end{vmatrix} = 2$

例 4　求 (1) $\begin{vmatrix} 2 & 4 & 6 \\ 5 & 15 & 0 \\ 3 & 6 & 12 \end{vmatrix} =$；(2) $\begin{vmatrix} 1 & 2 & 3 \\ 10 & 21 & 32 \\ 5 & 12 & 16 \end{vmatrix} =$；

(3) $|A| = \begin{vmatrix} \frac{1}{2} & -1 & -\frac{1}{3} \\ \frac{3}{4} & \frac{1}{2} & -1 \\ 1 & -4 & 1 \end{vmatrix} =$

解　(1) $\begin{vmatrix} 2 & 4 & 6 \\ 5 & 15 & 0 \\ 3 & 6 & 12 \end{vmatrix} = \begin{vmatrix} 2\cdot 1 & 2\cdot 2 & 2\cdot 3 \\ 5\cdot 1 & 5\cdot 3 & 5\cdot 0 \\ 3\cdot 1 & 3\cdot 2 & 3\cdot 4 \end{vmatrix} = 2\cdot 5\cdot 3\begin{vmatrix} 1 & 2 & 3 \\ 1 & 3 & 0 \\ 1 & 2 & 4 \end{vmatrix}$

$= 30\cdot 1 = 30$（註：也可以直接乘開）

(2) $\begin{vmatrix} 1 & 2 & 3 \\ 10 & 21 & 32 \\ 5 & 12 & 16 \end{vmatrix}$ （第一列乘以 (–10) 加到第二列）（第一列乘以 (–5) 加到第三列）

$= \begin{vmatrix} 1 & 2 & 3 \\ 0 & 1 & 2 \\ 0 & 2 & 1 \end{vmatrix} = -3$ （註：也可以直接乘開）

(3) 第一列乘以 6，第二列乘以 4

$\Rightarrow 24|A| = \begin{vmatrix} 3 & -6 & -2 \\ 3 & 2 & -4 \\ 1 & -4 & 1 \end{vmatrix} = 28 \Rightarrow |A| = \dfrac{28}{24} = \dfrac{7}{6}$

例 5 求 $\begin{vmatrix} t+3 & -1 & 1 \\ 5 & t-3 & 1 \\ 6 & -6 & t+4 \end{vmatrix} = 0$ 的 t 值

做法 此題爲解題技巧題，也可以直接乘開

解 第二（直）行加到第一行，再將第三行加到第二行

$\Rightarrow \begin{vmatrix} t+2 & 0 & 1 \\ t+2 & t-2 & 1 \\ 0 & t-2 & t+4 \end{vmatrix} = (t+2)(t-2)\begin{vmatrix} 1 & 0 & 1 \\ 1 & 1 & 1 \\ 0 & 1 & t+4 \end{vmatrix}$

$= (t+2)(t-2)(t+4) \Rightarrow t = -2$，2 或 -4

6.【行列式的性質（三）】(1) 二 n 階方陣 A，B 相乘的行列式等於它們的行列式相乘，即 $|AB| = |A||B|$，由此可推得 $|ABC| = |A||B||C|$

註：若 A, B 不是方陣，則無此性質，因若 A 不是方陣，其行列式不存在

(2) 同理，若 E 是基本矩陣，對於任何方陣 A，
$|EA| = |E||A|$

(3) 若 $k \in R$，則 $|kA| = k^n|A|$（k 乘以矩陣 A 再取行列式的值 $= k^n|A|$）

例 6 設 $A = \begin{bmatrix} 1 & 2 & 0 \\ 2 & 1 & 3 \\ 2 & 2 & 1 \end{bmatrix}$，$B = \begin{bmatrix} 0 & 2 & 1 \\ 3 & 1 & 2 \\ 1 & 2 & 1 \end{bmatrix}$，求 $|AB|$

解 因 $|AB| = |A||B|$，

又 $|A| = \begin{vmatrix} 1 & 2 & 0 \\ 2 & 1 & 3 \\ 2 & 2 & 1 \end{vmatrix} = 3$，$|B| = \begin{vmatrix} 0 & 2 & 1 \\ 3 & 1 & 2 \\ 1 & 2 & 1 \end{vmatrix} = 3$

所以 $|AB| = 3 \cdot 3 = 9$

例 7 設 $A = \begin{bmatrix} 1 & 2 & 0 \\ 2 & 1 & 3 \\ 2 & 2 & 1 \end{bmatrix}$，求 $|5A|$

解 $|5A| = \begin{vmatrix} 5\cdot1 & 5\cdot2 & 5\cdot0 \\ 5\cdot2 & 5\cdot1 & 5\cdot3 \\ 5\cdot2 & 5\cdot2 & 5\cdot1 \end{vmatrix} = 5\cdot5\cdot5\cdot\begin{vmatrix} 1 & 2 & 0 \\ 2 & 1 & 3 \\ 2 & 2 & 1 \end{vmatrix} = 125\cdot3 = 375$

（註：$|5A| = 5^3|A|$）

3.2 行列式降階

7.【子式與餘因式】n 階方陣 $A=\begin{bmatrix} a_{11} & a_{12} & \cdots & a_{1n} \\ a_{21} & a_{22} & \cdots & a_{2n} \\ \cdots & \cdots & \cdots & \cdots \\ a_{n1} & a_{n2} & \cdots & a_{nn} \end{bmatrix}$，若 M_{ij}

是將 A 方陣的第 i（橫）列和第 j（直）行刪掉後，所得到的 $(n-1)$ 階子方陣，即（去掉 a_{ij} 所在的行與列）

$$M_{ij}=\begin{bmatrix} \vdots & \vdots & \vdots & \vdots & \vdots & \vdots \\ a_{(i-1)1} & \cdots & a_{(i-1)(j-1)} & a_{(i-1)(j+1)} & \cdots & a_{(i-1)n} \\ a_{(i+1)1} & \cdots & a_{(i+1)(j-1)} & a_{(i+1)(j+1)} & \cdots & a_{(i+1)n} \\ \vdots & \vdots & \vdots & \vdots & \vdots & \vdots \end{bmatrix},$$

則 (1) 行列式 $|M_{ij}|$ 稱爲方陣 A 的 a_{ij} 元素的子式（Minor）或稱爲子行列式；

(2) $A_{ij}=(-1)^{i+j}|M_{ij}|$ 稱爲 a_{ij} 元素的餘因式（Cofactor）；

(3) A_{ij} 的符號 $(-1)^{i+j}$ 在矩陣內是呈現棋盤形式，即

$$\begin{bmatrix} + & - & + & - & \cdots \\ - & + & - & + & \cdots \\ + & - & + & - & \cdots \\ \cdots & \cdots & \cdots & \cdots & \cdots \end{bmatrix}$$

註：(1) M_{ij} 是矩陣，$|M_{ij}|$ 是 M_{ij} 的行列式，而 A_{ij} 是純量

(2) 子式和餘因式是為了解「行列式的降階」和「反矩陣」用

例 8 設 $A=\begin{bmatrix}1&2&3\\4&5&6\\7&8&9\end{bmatrix}$，求 (1) M_{32}，(2) A_{32}

解 (1) $M_{32}=\begin{bmatrix}1&3\\4&6\end{bmatrix}$（註：去掉第 3 列，第 2 行）

(2) $A_{32}=(-1)^{3+2}\begin{vmatrix}1&3\\4&6\end{vmatrix}=-(6-12)=6$

註：M_{32} 是矩陣，而 A_{32} 是純量

例 9 設 $A=\begin{bmatrix}1&2&3&2\\2&3&1&4\\3&2&4&1\\2&3&4&5\end{bmatrix}$，求 (1) M_{23}，(2) A_{34}

解 (1) $M_{23}=\begin{bmatrix}1&2&2\\3&2&1\\2&3&5\end{bmatrix}$

(2) $A_{34}=(-1)^{3+4}\begin{vmatrix}1&2&3\\2&3&1\\2&3&4\end{vmatrix}=-(12+4+18-18-16-3)=3$

8.【行列式降階】（行列式降一階）n 階方陣 $A=[a_{ij}]$ 的行列式值等於將任何一列（或任何一行）的元素乘以它們自己的餘因式後再相加起來，也就是

(1) 對第 i 列來降階

$$|A|=a_{i1}A_{i1}+a_{i2}A_{i2}+\cdots+a_{in}A_{in}=\sum_{j=1}^{n}a_{ij}A_{ij}$$

或 (2) 對第 j 行來降階

$$|A| = a_{1j}A_{1j} + a_{2j}A_{2j} + \cdots + a_{nj}A_{nj} = \sum_{i=1}^{n} a_{ij}A_{ij}$$

註：因 n 階方陣的餘因式是 $n-1$ 階方陣的行列式值，所以此法又稱為行列式降階（即從 n 階降成 $(n-1)$ 階）。

■ 用法：行列式的降階（以 4×4 行列式爲例）

(1) 選取某一行或某一列來做降階，4×4 行列式降階成 4 個 3×3 的行列式的和。

(2) 選取的該行（或該列）的元素乘以「刪除此元素所在的行與列」所形成的 3×3 的行列式。

(3) 其正負號是左上角的元素爲正，之後一正一負依序下來，即

$$\begin{vmatrix} + & - & + & \cdots \\ - & + & - & \cdots \\ + & - & + & \cdots \\ \vdots & \vdots & \vdots & \ddots \end{vmatrix}$$

例 10 利用行列式降階求 $\begin{vmatrix} 2 & 1 & 3 \\ 3 & 2 & 2 \\ 1 & 3 & 2 \end{vmatrix} =$

解 由第二（橫）列展開

$$\begin{vmatrix} 2 & 1 & 3 \\ 3 & 2 & 2 \\ 1 & 3 & 2 \end{vmatrix} = -3 \cdot \begin{vmatrix} 1 & 3 \\ 3 & 2 \end{vmatrix} + 2 \cdot \begin{vmatrix} 2 & 3 \\ 1 & 2 \end{vmatrix} - 2 \cdot \begin{vmatrix} 2 & 1 \\ 1 & 3 \end{vmatrix}$$

$$= -3 \cdot (-7) + 2 \cdot (1) - 2 \cdot 5 = 13$$

例 11 求 (1) $\begin{vmatrix} 1 & 2 & 0 & 2 \\ 2 & 1 & 2 & 1 \\ 1 & 3 & 2 & 1 \\ 1 & 1 & 3 & 1 \end{vmatrix} =$；(2) $\begin{vmatrix} 5 & 4 & 2 & 1 \\ 2 & 3 & 1 & -2 \\ -5 & -7 & -3 & 9 \\ 1 & -2 & -1 & 4 \end{vmatrix} =$

解 (1) 由第一（橫）列展開

$$\begin{vmatrix} 1 & 2 & 0 & 2 \\ 2 & 1 & 2 & 1 \\ 1 & 3 & 2 & 1 \\ 1 & 1 & 3 & 1 \end{vmatrix} = 1\cdot\begin{vmatrix} 1 & 2 & 1 \\ 3 & 2 & 1 \\ 1 & 3 & 1 \end{vmatrix} - 2\cdot\begin{vmatrix} 2 & 2 & 1 \\ 1 & 2 & 1 \\ 1 & 3 & 1 \end{vmatrix} + 0\cdot\begin{vmatrix} 2 & 1 & 1 \\ 1 & 3 & 1 \\ 1 & 1 & 1 \end{vmatrix}$$

$$-2\cdot\begin{vmatrix} 2 & 1 & 2 \\ 1 & 3 & 2 \\ 1 & 1 & 3 \end{vmatrix} = 1\cdot 2 - 2\cdot(-1) + 0 - 2\cdot 9$$

$$= -14$$

(2)（註：降階前可利用列基本運算將某幾個元素清為0）

$$\begin{vmatrix} 5 & 4 & 2 & 1 \\ 2 & 3 & 1 & -2 \\ -5 & -7 & -3 & 9 \\ 1 & -2 & -1 & 4 \end{vmatrix}$$

（第二列乘以 (–2) 加到第一列）
（第二列乘以 3 加到第三列）
（第二列加到第四例）

$$= \begin{vmatrix} 1 & -2 & 0 & 5 \\ 2 & 3 & 1 & -2 \\ 1 & 2 & 0 & 3 \\ 3 & 1 & 0 & 2 \end{vmatrix}$$（由第三（直）行展開）

$$= (-1)^{2+3}\begin{vmatrix} 1 & -2 & 5 \\ 1 & 2 & 3 \\ 3 & 1 & 2 \end{vmatrix} = 38$$

3.3 反矩陣

9.【古典伴隨矩陣】n 階方陣 $A=[a_{ij}]$ 中，元素 a_{ij} 的餘因式所組成的矩陣，稱爲方陣 A 的古典伴隨矩陣（Classical adjoint matrix），以 $adjA$ 表示，即

$$adjA=\begin{bmatrix} A_{11} & A_{12} & \cdots & A_{1n} \\ A_{21} & A_{22} & \cdots & A_{2n} \\ \cdots & \cdots & \cdots & \cdots \\ A_{n1} & A_{n2} & \cdots & A_{nn} \end{bmatrix}^T=\begin{bmatrix} A_{11} & A_{21} & \cdots & A_{n1} \\ A_{12} & A_{22} & \cdots & A_{n2} \\ \cdots & \cdots & \cdots & \cdots \\ A_{1n} & A_{2n} & \cdots & A_{nn} \end{bmatrix}$$

（註：注意 A_{12} 和 A_{21} 的位置）

10.【反矩陣】(1) 對於任何 n 階方陣 $A=[a_{ij}]$，均有 $A\cdot(adjA)=(adjA)\cdot A=|A|I_n$ 特性，其中 I_n 是單位矩陣。

(2) 由上知，若 $|A|\neq 0$，則 $A^{-1}=\dfrac{1}{|A|}(adjA)$，

也就是 $|A|\neq 0$，A 的反矩陣才存在。

■ 用法：求反矩陣 A^{-1} 的步驟爲：

(1) 先求 Adj(A)

(a) 矩陣的每個元素位置用「刪除此元素所在的行與列」所形成的行列式取代。

(b) 其正負號是左上角的元素爲正，之後一正一負依序下來，即

$$\begin{vmatrix} + & - & + & \cdots \\ - & + & - & \cdots \\ + & - & + & \cdots \\ \vdots & \vdots & \vdots & \ddots \end{vmatrix}$$

(c) 最後矩陣取轉置矩陣

(2) 求 A 的行列式 $|A|$

(3) 則 $A^{-1}=\dfrac{Adj(A)}{|A|}$

註：求反矩陣A^{-1}的方法有二：

(1) 用本節的方法$A^{-1}=\dfrac{Adj(A)}{|A|}$

(2) 用第二章第 25 點的擴充矩陣$[A \vdots I_n] \to [I_n \vdots B]$

例 12 令 $A=\begin{bmatrix}1&2\\3&4\end{bmatrix}$，求 (1) $A^{-1}=$；(2) $AA^{-1}=$

解 (1) $adjA=\begin{bmatrix}4&-3\\-2&1\end{bmatrix}^T=\begin{bmatrix}4&-2\\-3&1\end{bmatrix}$

$$|A|=\begin{vmatrix}1&2\\3&4\end{vmatrix}=4-6=-2$$

所以 $A^{-1}=\dfrac{1}{|A|}(adjA)=\dfrac{1}{-2}\cdot\begin{bmatrix}4&-2\\-3&1\end{bmatrix}=\begin{bmatrix}-2&1\\\dfrac{3}{2}&\dfrac{-1}{2}\end{bmatrix}$

(2) $AA^{-1}=\begin{bmatrix}1&2\\3&4\end{bmatrix}\begin{bmatrix}-2&1\\\dfrac{3}{2}&\dfrac{-1}{2}\end{bmatrix}=\begin{bmatrix}1&0\\0&1\end{bmatrix}$

例 13 令 $A=\begin{bmatrix}1&1&1\\2&1&2\\2&1&1\end{bmatrix}$，求 (1) $A^{-1}=$；(2) $AA^{-1}=$

解 (1) $adjA=\begin{bmatrix} \begin{vmatrix}1&2\\1&1\end{vmatrix} & -\begin{vmatrix}2&2\\2&1\end{vmatrix} & \begin{vmatrix}2&1\\2&1\end{vmatrix} \\ -\begin{vmatrix}1&1\\1&1\end{vmatrix} & \begin{vmatrix}1&1\\2&1\end{vmatrix} & -\begin{vmatrix}1&1\\2&1\end{vmatrix} \\ \begin{vmatrix}1&1\\1&2\end{vmatrix} & -\begin{vmatrix}1&1\\2&2\end{vmatrix} & \begin{vmatrix}1&1\\2&1\end{vmatrix} \end{bmatrix}^T=\begin{bmatrix}-1&2&0\\0&-1&1\\1&0&-1\end{bmatrix}^T$

$$=\begin{bmatrix}-1&0&1\\2&-1&0\\0&1&-1\end{bmatrix}$$

$$|A|=\begin{vmatrix}1&1&1\\2&1&2\\2&1&1\end{vmatrix}=1$$

所以 $A^{-1}=\frac{1}{|A|}(adjA)=\frac{1}{1}\cdot\begin{bmatrix}-1&0&1\\2&-1&0\\0&1&-1\end{bmatrix}$

$$=\begin{bmatrix}-1&0&1\\2&-1&0\\0&1&-1\end{bmatrix}$$

(2) $AA^{-1}=\begin{bmatrix}1&1&1\\2&1&2\\2&1&1\end{bmatrix}\begin{bmatrix}-1&0&1\\2&-1&0\\0&1&-1\end{bmatrix}=\begin{bmatrix}1&0&0\\0&1&0\\0&0&1\end{bmatrix}$

3.4 克拉瑪法則

11.【克拉瑪法則】下面方程組有 n 個方程式含有 n 個未知數

$$a_{11}x_1 + a_{12}x_2 + \cdots + a_{1n}x_n = b_1$$
$$a_{21}x_1 + a_{22}x_2 + \cdots + a_{2n}x_n = b_2，$$
$$\cdots\cdots\cdots\cdots$$
$$a_{n1}x_1 + a_{n2}x_2 + \cdots + a_{nn}x_n = b_n$$

即 $A\vec{x} = \vec{b}$

令 Δ 是方陣 A 的係數矩陣行列式，即

$$\Delta = |A| = \begin{vmatrix} a_{11} & a_{12} & \cdots & a_{1n} \\ a_{21} & a_{22} & \cdots & a_{2n} \\ \cdots & \cdots & \cdots & \cdots \\ a_{n1} & a_{n2} & \cdots & a_{nn} \end{vmatrix},$$

且 Δ_i 是將方陣 A 的第 i（直）行以常數項的（直）行替代所得到的行列式，即

$$\Delta_i = \begin{vmatrix} a_{11} & \cdots & a_{1,i,-1} & b_1 & a_{1,i+1} & \cdots & a_{1n} \\ a_{21} & \cdots & a_{2,i-1} & b_2 & a_{2,i+1} & \cdots & a_{2n} \\ \cdots & \cdots & \cdots & \cdots & \cdots & \cdots & \cdots \\ a_{n1} & \cdots & a_{n,i-1} & b_n & a_{n,i+1} & \cdots & a_{nn} \end{vmatrix}$$

上面方程組的行列式與其解之間的關係如下：

(1) 當 $\Delta \neq 0$ 時，此方程組有唯一解，此解爲：

$$x_1 = \frac{\Delta_1}{\Delta}，x_2 = \frac{\Delta_2}{\Delta}，\cdots\cdots，x_n = \frac{\Delta_n}{\Delta}$$

此性質稱爲解線性方程組的克拉瑪法則（Cramer's rule）。

(2) 當 $\Delta=0$ 時，

(a) 若全部 Δ_i 均為 0，則此方程組有無窮多組解；

(b) 若至少有一個 Δ_i 不為 0，則此方程組無解。

註：所以求線性方程組的解的方法有三種：

(1) 用本節的克拉瑪法則解；

(2) 用第二章的擴大矩陣解：

$$\begin{bmatrix} a_{11} & a_{12} & a_{13} & \vdots & b_1 \\ a_{21} & a_{22} & a_{23} & \vdots & b_2 \\ a_{31} & a_{32} & a_{33} & \vdots & b_3 \end{bmatrix} \to \begin{bmatrix} 1 & 0 & 0 & \vdots & b_1' \\ 0 & 1 & 0 & \vdots & b_2' \\ 0 & 0 & 1 & \vdots & b_3' \end{bmatrix}$$

(3) 用第一章的「化成呈現階梯形狀」來解。

例 14 求下面方程組的解

(1) $\begin{cases} 2x+y=7 \\ 3x-5y=4 \end{cases}$，(2) $\begin{cases} ax-2by=c \\ 3ax-5by=2c \end{cases}$ 其中 $a\cdot b\neq 0$，

解 (1) $\Delta=\begin{vmatrix} 2 & 1 \\ 3 & -5 \end{vmatrix}=-13$，$\Delta_x=\begin{vmatrix} 7 & 1 \\ 4 & -5 \end{vmatrix}=-39$，

$\Delta_y=\begin{vmatrix} 2 & 7 \\ 3 & 4 \end{vmatrix}=-13$，

$x=\dfrac{\Delta_x}{\Delta}=\dfrac{-39}{-13}=3$，

$y=\dfrac{\Delta_y}{\Delta}=\dfrac{-13}{-13}=1$

(2) $\Delta=\begin{vmatrix} a & -2b \\ 3a & -5b \end{vmatrix}=ab$，$\Delta_x=\begin{vmatrix} c & -2b \\ 2c & -5b \end{vmatrix}=-bc$，

$$\Delta_y = \begin{vmatrix} a & c \\ 3a & 2c \end{vmatrix} = -ac,$$

$$x = \frac{\Delta_x}{\Delta} = \frac{-bc}{ab} = -\frac{c}{a},$$

$$y = \frac{\Delta_y}{\Delta} = \frac{-ac}{ab} = -\frac{c}{b}$$

例 15 求下面方程組的解

$$(1)\begin{cases} 2x+y-z=3 \\ x+2y+z=6 \\ x-y+2z=1 \end{cases},\ (2)\begin{cases} 2x+y-z=3 \\ x+2y+z=6 \\ x-y-2z=-3 \end{cases},$$

$$(3)\begin{cases} 2x+y-z=3 \\ x+2y+z=6 \\ x+y=2 \end{cases},$$

解 (1) $\Delta = \begin{vmatrix} 2 & 1 & -1 \\ 1 & 2 & 1 \\ 1 & -1 & 2 \end{vmatrix} = 12$，$\Delta_x = \begin{vmatrix} 3 & 1 & -1 \\ 6 & 2 & 1 \\ 1 & -1 & 2 \end{vmatrix} = 12$，

$$\Delta_y = \begin{vmatrix} 2 & 3 & -1 \\ 1 & 6 & 1 \\ 1 & 1 & 2 \end{vmatrix} = 24,\ \Delta_z = \begin{vmatrix} 2 & 1 & 3 \\ 1 & 2 & 6 \\ 1 & -1 & 1 \end{vmatrix} = 12,$$

$$x = \frac{\Delta_x}{\Delta} = \frac{12}{12} = 1,\ y = \frac{\Delta_y}{\Delta} = \frac{24}{12} = 2,\ z = \frac{\Delta_z}{\Delta} = \frac{12}{12} = 1$$

所以恰有一解：$x=1$，$y=2$，$z=1$

(2) $\Delta = \begin{vmatrix} 2 & 1 & -1 \\ 1 & 2 & 1 \\ 1 & -1 & -2 \end{vmatrix} = 0$，$\Delta_x = \begin{vmatrix} 3 & 1 & -1 \\ 6 & 2 & 1 \\ -3 & -1 & -2 \end{vmatrix} = 0$，

$$\Delta_y=\begin{vmatrix}2&3&-1\\1&6&1\\1&-3&-2\end{vmatrix}=0，\Delta_z=\begin{vmatrix}2&1&3\\1&2&6\\1&-1&-3\end{vmatrix}=0，$$

所以有無窮多解

(3) $\Delta=\begin{vmatrix}2&1&-1\\1&2&1\\1&1&0\end{vmatrix}=0$，$\Delta_x=\begin{vmatrix}3&1&-1\\6&2&1\\2&1&0\end{vmatrix}=-3\neq 0$，

所以無解

例 16 求下面方程組的解 $\begin{cases}3y+2x=z+1\\3x+2z=8-5y\\3z-1=x-2y\end{cases}$

解 將它們依照 x,y,z 順序排列 $\Rightarrow\begin{cases}2x+3y-z=1\\3x+5y+2z=8\\x-2y-3z=-1\end{cases}$

則 $\Delta=\begin{vmatrix}2&3&-1\\3&5&2\\1&-2&-3\end{vmatrix}=22$，$\Delta_x=\begin{vmatrix}1&3&-1\\8&5&2\\-1&-2&-3\end{vmatrix}=66$，

$$\Delta_y=\begin{vmatrix}2&1&-1\\3&8&2\\1&-1&-3\end{vmatrix}=-22，\Delta_z=\begin{vmatrix}2&3&1\\3&5&8\\1&-2&-1\end{vmatrix}=44，$$

$$x=\frac{\Delta_x}{\Delta}=\frac{66}{22}=3，y=\frac{\Delta_y}{\Delta}=\frac{-22}{22}=-1，z=\frac{\Delta_z}{\Delta}=\frac{44}{22}=2$$

所以 $x=3$，$y=-1$，$z=2$

12.【行列式的性質（四）】設 A 爲 n 階方陣，下列四點是同義的：

(1) A 的行列式值不爲零，即 $|A| \neq 0$；

(2) A 是可逆的，也就是 A^{-1} 是存在的；

（因 $A^{-1} = \dfrac{1}{|A|}(adjA)$，$A^{-1}$ 是存在的充要條件是 $|A| \neq 0$）

(3) A 是非奇異的（nonsingular），也就是 $A\vec{x} = \vec{0}$ 只有零的解或 $A\vec{x} = \vec{0}$ 有唯一解。

(4) A 的每一列（或行）是線性獨立的充要條件是 $|A| \neq 0$

（註：線性獨立的定義請參閱第五章說明）

例 17 設 $A = \begin{bmatrix} 1 & 1 & 1 \\ 1 & 1 & 2 \\ 2 & 1 & 1 \end{bmatrix}$，求

(1) $|A|$ 之値

(2) A^{-1} 是否存在的？

(3) $\begin{cases} x + y + z = 0 \\ x + y + 2z = 0 \\ 2x + y + z = 0 \end{cases}$，是否有非零的解？

解 (1) $|A| = \begin{vmatrix} 1 & 1 & 1 \\ 1 & 1 & 2 \\ 2 & 1 & 1 \end{vmatrix} = 1$

(2) $A^{-1} = \dfrac{1}{|A|}(adjA)$，因 $|A| \neq 0$，所以 A^{-1} 存在

(3) 因其係數的行列式（$|A|$）不為 0，所以其只有零的解

例 18 若 A 是可逆矩陣，證明 $|A^{-1}|=|A|^{-1}$

證明 因 $A^{-1}A=I\Rightarrow|A^{-1}A|=|I|$

$$\Rightarrow|A^{-1}||A|=1\Rightarrow|A^{-1}|=\frac{1}{|A|}=|A|^{-1}$$

練習題

1. 計算下列行列式值

$$(1)\begin{vmatrix}2&1&1\\0&5&-2\\1&-3&4\end{vmatrix}，(2)\begin{vmatrix}3&-2&-4\\2&5&-1\\0&6&1\end{vmatrix}，(3)\begin{vmatrix}-2&-1&4\\6&-3&-2\\4&1&2\end{vmatrix}$$

答：(1) 21，(2) –11，(3)100，

2. 計算下列行列式等於 0 的 t 值

$$(1)\begin{vmatrix}t-2&4&3\\1&t+1&-2\\0&0&t-4\end{vmatrix}=0，(2)\begin{vmatrix}t-1&3&-3\\-3&t+5&-3\\-6&6&t-4\end{vmatrix}=0，$$

$$(3)\begin{vmatrix}t+3&-1&1\\7&t-5&1\\6&-6&t+2\end{vmatrix}=0$$

答：(1) $t=3, 4, -2$，(2) $t=4, -2$，(3) $t=4, -2$

3. 計算下列行列式值

$$(1)\begin{vmatrix}1&2&2&3\\1&0&-2&0\\3&-1&1&-2\\4&-3&0&2\end{vmatrix}，(2)\begin{vmatrix}2&1&3&2\\3&0&1&-2\\1&-1&4&3\\2&2&-1&1\end{vmatrix}$$

答：(1) –131，(2) –55

4. 計算下列矩陣的 (a) $adjA$；(b) A^{-1}

(1) $\begin{bmatrix} 1 & 1 & 0 \\ 1 & 1 & 1 \\ 0 & 2 & 1 \end{bmatrix}$，(2) $\begin{bmatrix} 1 & 2 & 2 \\ 3 & 1 & 0 \\ 1 & 1 & 1 \end{bmatrix}$

答：(1)(a) $adjA = \begin{bmatrix} -1 & -1 & 1 \\ -1 & 1 & -1 \\ 2 & -2 & 0 \end{bmatrix}$，

(b) $A^{-1} = \begin{bmatrix} \frac{1}{2} & \frac{1}{2} & \frac{-1}{2} \\ \frac{1}{2} & \frac{-1}{2} & \frac{1}{2} \\ -1 & 1 & 0 \end{bmatrix}$

(2) (a) $adjA = \begin{bmatrix} 1 & 0 & -2 \\ -3 & -1 & 6 \\ 2 & 1 & -5 \end{bmatrix}$，

(b) $A^{-1} = \begin{bmatrix} -1 & 0 & 2 \\ 3 & 1 & -6 \\ -2 & -1 & 5 \end{bmatrix}$

5. 用克拉瑪法則解下列聯立方程式

(1) $\begin{cases} 3x+5y=8 \\ 4x-2y=1 \end{cases}$，(2) $\begin{cases} 2x-3y=-1 \\ 4x+7y=-1 \end{cases}$

答：(1) $x = 21/26$，$y = 29/26$；(2) $x = -5/13$，$y = 1/13$

6. 用克拉瑪法則解下列聯立方程式

(1) $\begin{cases} 2x-5y+2z=7 \\ x+2y-4z=3 \\ 3x-4y-6z=5 \end{cases}$，(2) $\begin{cases} 2z+3=y+3x \\ x-3z=2y+1 \\ 3y+z=2-2x \end{cases}$

答：(1) $x=5$，$y=1$，$z=1$；(2) 因 $\Delta=0$，無唯一解

7. 設 A 是 n 階方陣，且 $|A|=a$，求 $|kA|=$？

答：$|kA|=k^n|A|=k^na$

8. 若矩陣 $A=\begin{bmatrix} a & b & c \\ d & e & f \\ g & h & i \end{bmatrix}$ 的行列式值是 -3，求下列矩陣的的行列式值

(1) $-4A$ (2) $2A^{-1}$ (3) $\begin{bmatrix} -a & -g & -d \\ b & h & e \\ 2c & 2i & 2f \end{bmatrix}$

答：(1) 192，(2) –8/3，(3) –6

9. 矩陣 A 和 B 均為 $n\times n$ 階矩陣，且其行列式 $\det(A)=a\neq 0$、$\det(B)=b\neq 0$，求 (1)$\det(AB)$；(2)$\det((AB)^T)$；(3)$\det(\det(A)A)$；(4)$\det(\det(A)B)$；(5)$\det(\det(B)B)/\det(\det(B)A)$；

答：(1) ab，(2) ab，(3) a^{n+1}，(4) a^nb，(5) $\frac{b}{a}$

10. 求下列矩陣的反矩陣

(1) 矩陣 $A=\begin{bmatrix} 1 & 2 & 3 \\ 2 & 6 & 1 \\ 3 & 10 & -1 \end{bmatrix}$，(2) 矩陣 $B=\begin{bmatrix} 1 & 3 & -2 \\ 2 & 8 & -3 \\ 1 & 7 & 1 \end{bmatrix}$

答：(1) 沒有反矩陣，(2) $A^{-1}=\frac{1}{2}\begin{bmatrix} 29 & -17 & 7 \\ -5 & 3 & -1 \\ 6 & -4 & 2 \end{bmatrix}$

11. 矩陣 $A=\begin{bmatrix}2 & 1 & 0\\ k & 2 & k\\ 2 & 4 & 2\end{bmatrix}$為不可逆矩陣，求 k 之值？

答：$k=1$

12. 矩陣 $A=\begin{bmatrix}2-k & 1\\ 3 & 4-k\end{bmatrix}$為不可逆矩陣，求 k 為何值？

答：$k=1$ 或 $k=5$

13. 利用克拉瑪法則解下列方程組的解

(a) $\begin{cases}2x+y-3z=5\\ 3x-2y+2z=5\\ 5x-3y-z=16\end{cases}$ (b) $\begin{cases}2x+3y-2z=5\\ x-2y+3z=2\\ 4x-y+4z=1\end{cases}$

(c) $\begin{cases}x+2y+3z=3\\ 2x+3y+8z=4\\ 3x+2y+17z=1\end{cases}$

答：(a) $x=1$，$y=-3$，$z=-2$

(b) 無解

(c) 無窮多組解

第 4 章　向量與向量空間

4.1　向量的基本觀念

1.【何謂向量】(1) 日常生活中常談到的身高、體重、溫度，只有大小値，稱爲純量（Scalar）。

(2) 向量（Vector）是有方向和大小的量，如：北方 20 公里，有方向（北方）和大小（20 公里）。

2.【向量的表示】向量是用實數的「有序對（Ordered pair）」表示之。

（註：有序對是有前後順序的，前後不可對調）

例如：$[a, b]$ 是二維向量（以 R^2 表示）；

$[a, b, c]$ 是三維向量（以 R^3 表示），

$[a, b, c, \cdots, k]$（有 n 個元素）是 n 維向量（以 R^n 表示）。

註：R^2 的 R 表示二維向量內的數是實數（R）

3.【向量的分量】向量內的每個元素稱爲一個分量（或坐標）。

例如：向量 $[a, b, c]$ 中，a 是 x 軸分量；b 是 y 軸分量；c 是 z 軸分量。

4.【向量的表示】本書的「向量」符號以 $\vec{v}$ 表示（符號上方有一箭頭），「向量坐標」以中掛號掛起來，如：向量 $\vec{v} = [a, b, c]$；以區別「點坐標」以小掛號掛起來，如：點 $v = (a, b, c)$。

5.【向量的維度】若向量內有 n 個元素，此向量的維度（Dimension）就是 n。

例如：$[a, b]$ 是二維向量，其維度是 2；

$[a, b, c]$ 是三維向量，其維度是 3。

6.【向量的寫法】(a) 本書有些章節的向量以（橫）列（row）向量表示，如：$\vec{v} = [a, b, c]$，若要將它表示成（直）行（column）向量，就要加一個 T（轉置）符號，如：$\vec{v}^T = \begin{bmatrix} a \\ b \\ c \end{bmatrix}$；

(b) 本書有些章節的向量以（直）行向量表示，如：$\vec{v} = \begin{bmatrix} a \\ b \\ c \end{bmatrix}$，若要將它表示成（橫）列向量，就要加一個 T（轉置）符號，如：$\vec{v}^T = [a, b, c]$；

(c) 若有矩陣和向量相乘的章節，向量通常以（直）行向量表示；

(d) 本章節向量以（橫）列向量表示，即：$\vec{v} = [a, b, c]$

7.【向量的性質】設 $\vec{u} = [u_1, u_2, \cdots, u_n]$ 和 $\vec{v} = [v_1, v_2, \cdots, v_n]$ 是 R^n 中的向量，則

(1) 向量的加法：$\vec{u} + \vec{v} = [u_1 + v_1, u_2 + v_2, \cdots, u_n + v_n]$（相同位置分量相加）；

(2) 純量乘以向量：$k\vec{u} = [ku_1, ku_2, \cdots, ku_n]$，$k \in R$（純量乘到每個分量上）；

(3) 向量的相等：若 $\vec{u} = \vec{v}$，表示 $u_1 = v_1, u_2 = v_2, \cdots, u_n = v_n$（相同位置分量相等）；

(4) $\vec{0} = [0, 0, \cdots, 0]$，稱為零向量。

註：0 和 $\vec{0}$ 不同，0 是純量，而 $\vec{0}$ 是向量。

例 1 設 $\vec{u} = [1, 2, 4, 5]$ 和 $\vec{v} = [2, 3, -2, -4]$，求：(1) $\vec{u} + \vec{v} = ?$；(2) $\vec{u} + \vec{0} = ?$；(3) $5\vec{u} = ?$

解 (1) $\vec{u} + \vec{v} = [1, 2, 4, 5] + [2, 3, -2, -4] = [3, 5, 2, 1]$

(2) $\vec{u} + \vec{0} = [1, 2, 4, 5] + [0, 0, 0, 0] = [1, 2, 4, 5]$

(3) $5\vec{u} = 5 \cdot [1, 2, 4, 5] = [5, 10, 20, 25]$

例 2 若 $[x - y, x + y, x + z] = [2, 4, 6]$，求 x, y, z 之值

解 $[x - y, x + y, x + z] = [2, 4, 6]$

$\Rightarrow x - y = 2$，$x + y = 4$，$x + z = 6$

解得 $x = 3$，$y = 1$，$z = 3$

例 3 若 $\vec{u} = [2, -7, 1]$，$\vec{v} = [-3, 0, 4]$，$\vec{w} = [0, 5, -8]$，求 $2\vec{u} + 3\vec{v} - \vec{w} = ?$

解 $2\vec{u} + 3\vec{v} - \vec{w} = 2[2, -7, 1] + 3[-3, 0, 4] - [0, 5, -8]$

$= [4, -14, 2] + [-9, 0, 12] - [0, 5, -8] = [-5, -19, 22]$

例 4 若 $[2, -3, 4] = x[1, 1, 1] + y[1, 1, 0] + z[1, 0, 0]$，求 x, y, z 之值

解 $[2, -3, 4] = x[1, 1, 1] + y[1, 1, 0] + z[1, 0, 0]$

$= [x + y + z, x + y, x]$

$\Rightarrow x + y + z = 2$，$x + y = -3$，$x = 4$

$\Rightarrow x = 4$，$y = -7$，$z = 5$

8.【向量的內積】(1) 設 $\vec{u}=[u_1,u_2,\cdots,u_n]$ 和 $\vec{v}=[v_1,v_2,\cdots,v_n]$ 是 R^n 中的向量，則 $\vec{u}$ 和 $\vec{v}$ 的內積（Inner product）或稱爲點積（Dot product），以 $\vec{u}\cdot\vec{v}$ 表示，其值爲

$$\vec{u}\cdot\vec{v}=u_1v_1+u_2v_2+\cdots+u_nv_n \text{（結果是純量）}$$

(2) 設 $k\in R$，則

(a) $k\cdot\vec{u}$ 的「·」是「乘」的意思，即純量和向量相乘；

(b) $\vec{u}\cdot\vec{v}$ 的「·」是「內積」的意思，即二向量做內積。

例 5 設 $\vec{u}=[1, 2, 4, 5]$ 和 $\vec{v}=[2, 3, -2, -4]$，求：(1) $\vec{u}\cdot\vec{v}=$？；(2) $\vec{u}\cdot\vec{0}=$？；(3) $\vec{u}\cdot 0=$？

解 (1) $\vec{u}\cdot\vec{v}=[1, 2, 4, 5]\cdot[2, 3, -2, -4]$

$=1\cdot 2+2\cdot 3+4\cdot(-2)+5\cdot(-4)=-20$

(2) $\vec{u}\cdot\vec{0}=[1, 2, 4, 5][0, 0, 0, 0]=1\cdot 0+2\cdot 0+4\cdot 0+5\cdot 0=0$

(3) $\vec{u}\cdot 0=[1, 2, 4, 5]\cdot 0=[0, 0, 0, 0]$

註：第 (2) 題是二向量的內積，其結果是純量；

第 (3) 題是向量和 0 相乘，其結果是向量。

例 6 求下列的 $\vec{u}\cdot\vec{v}=$？；(1) $\vec{u}=[2, 3, 4]$，$\vec{v}=[1, 2, -3]$；(2) $\vec{u}=[2, 3, 4]$，$\vec{v}=[5, 6, 7, 8]$；(3) $\vec{u}=[1, 2, 3, 4]$，$\vec{v}=[2, 0, 1, 2]$；

解 (1) $\vec{u}\cdot\vec{v}=[2, 3, 4]\cdot[1, 2, -3]=2\cdot 1+3\cdot 2+4\cdot(-3)=-4$。

(2) $\vec{u}$ 和 $\vec{v}$ 的元素個數不同，不能做內積。

(3) $\vec{u}\cdot\vec{v}=[1, 2, 3, 4]\cdot[2, 0, 1, 2]$

$=1\cdot 2+2\cdot 0+3\cdot 1+4\cdot 2=13$。

9.【內積的性質】設向量 $\vec{u}$、$\vec{v}$ 和 $\vec{w} \in R^n$，純量 $k \in R$，則

(1) $(\vec{u}+\vec{v})\cdot\vec{w}=\vec{u}\cdot\vec{w}+\vec{v}\cdot\vec{w}$（向量內積對向量加法具分配性）

(2) $k(\vec{u}+\vec{v})=k\vec{u}+k\vec{v}$（純量對向量加法具分配性）

(3) $\vec{u}\cdot\vec{v}=\vec{v}\cdot\vec{u}$（向量內積具交換性）

(4) 若 $\vec{u}\cdot\vec{v}=0$，表示 $\vec{u}=\vec{0}$ 或 $\vec{v}=\vec{0}$ 或 $\vec{u}$ 和 $\vec{v}$ 垂直

(5) $\vec{u}\cdot\vec{u}\geq 0$，只有當 $\vec{u}=\vec{0}$ 時，$\vec{u}\cdot\vec{u}$ 才等於 0

例 7 若下列二向量垂直，求其 k 值

(1) $\vec{u}=[1, 2, k]$，$\vec{v}=[2, 3, -2]$；

(2) $\vec{u}=[1, 2, k, 3]$，$\vec{v}=[2, 3, -3, k]$；

做法 向量垂直，其內積為 0

解 (1) $\vec{u}\cdot\vec{v}=[1, 2, k][2, 3, -2]=2+6-2k=0 \Rightarrow k=4$

(2) $\vec{u}\cdot\vec{v}=[1, 2, k, 3][2, 3, -3, k]=2+6-3k+3k=0$

$\Rightarrow 8=0$（無解，表示不管 k 值為何，此二向量均不會垂直）

10.【二向量間的距離】設 $\vec{u}=[u_1,u_2,\cdots,u_n]$ 和 $\vec{v}=[v_1,v_2,\cdots,v_n]$ 是 R^n 中的二向量，則 $\vec{u}$ 和 $\vec{v}$ 間的距離，表示成 $d(\vec{u},\vec{v})$，其定義為

$$d(\vec{u},\vec{v})=\sqrt{(u_1-v_1)^2+(u_2-v_2)^2+\cdots+(u_n-v_n)^2}$$

11.【向量的模】向量 $\vec{u}$ 的模（Norm）（或稱為長度）以 $\|\vec{u}\|$ 或 $|\vec{u}|$ 表示，其值為

$$\|\vec{u}\|=\sqrt{\vec{u}\cdot\vec{u}}=\sqrt{u_1^2+u_2^2+\cdots+u_n^2}$$

12.【單位向量】(1) 長度爲 1 的向量稱爲單位向量（Unit vector）。

(2) 向量 $\vec{u}$ 的單位向量是除以其長度的向量，即 $\frac{\vec{u}}{\|\vec{u}\|}$。

例 8 設 $\vec{u}=[1,2,4,5]$，$\vec{v}=[2,1,2,3]$，求 $d(\vec{u},\vec{v})$

解 $d(\vec{u},\vec{v})=\sqrt{(1-2)^2+(2-1)^2+(4-2)^2+(5-3)^2}=\sqrt{10}$

例 9 設 $\vec{u}=[1,2,4,5]$，求 $\|\vec{u}\|$

解 $\|\vec{u}\|=\sqrt{(1)^2+(2)^2+(4)^2+(5)^2}=\sqrt{46}$

例 10 設 $\vec{u}=[1,2,4,k]$，且 $\|\vec{u}\|=5$，求 k 之値

解 $\|\vec{u}\|=\sqrt{(1)^2+(2)^2+(4)^2+(k)^2}=5$

$\Rightarrow 21+k^2=25 \Rightarrow k=\pm 2$

例 11 設 (1) $\vec{u}=[3,4]$；(2) $\vec{u}=[3,4,5]$，求其單位向量

解 (1) $\|\vec{u}\|=\sqrt{(3)^2+(4)^2}=5$

$\Rightarrow \frac{\vec{u}}{\|\vec{u}\|}=\frac{1}{5}[3,4]=[\frac{3}{5},\frac{4}{5}]$

(2) $\|\vec{u}\|=\sqrt{(3)^2+(4)^2+(5)^2}=\sqrt{50}$

$\Rightarrow \frac{\vec{u}}{\|\vec{u}\|}=\frac{1}{\sqrt{50}}[3,4,5]$

$=[\frac{3}{\sqrt{50}},\frac{4}{\sqrt{50}},\frac{5}{\sqrt{50}}]$

13.【內積的求法】設 $\vec{u}=[u_1,u_2,\cdots,u_n]$ 和 $\vec{v}=[v_1,v_2,\cdots,v_n]$ 是 R^n 中的二向量，且 θ 是二向量的夾角，則其內積的求法有下列二種：

(1) $\vec{u}\cdot\vec{v}=u_1v_1+u_2v_2+\cdots+u_nv_n$；

(2) $\vec{u}\cdot\vec{v}=\|\vec{u}\|\|\vec{v}\|\cos\theta$。

例 12 設 $\vec{u}=[3, 4]$、$\vec{v}=[5, 12]$，求 (1) $\vec{u}\cdot\vec{v}=$？(2) $\vec{u}$、$\vec{v}$ 夾角的 cos 值？

解 (1) $\vec{u}\cdot\vec{v}=[3, 4][5, 12]=15+48=63$

(2) $\vec{u}\cdot\vec{v}=\|\vec{u}\|\|\vec{v}\|\cos\theta$

又 $\|\vec{u}\|=\sqrt{3^2+4^2}=5$

$\|\vec{v}\|=\sqrt{5^2+12^2}=13$

所以 $\vec{u}\cdot\vec{v}=\|\vec{u}\|\|\vec{v}\|\cos\theta$

$\Rightarrow 63=5\cdot 13\cdot\cos\theta$

$\Rightarrow \cos\theta=\dfrac{63}{65}$

4.2 向量空間

14.【向量空間的定義】設場 R 上的向量空間集合 V 爲非空集合〔註：V 可以是二度空間向量、三度空間向量或 n 度空間向量等，且其向量內的元素屬於 R（實數）〕。它定義了下面二種運算：

(1) 第一個運算，向量加法：

若兩個向量 $\vec{u}$，$\vec{v}\in V$，則 $\vec{u}+\vec{v}\in V$。

(2) 第二個運算，純量乘法：

若純量 $k \in R$ 和任意向量 $\vec{u} \in V$，則 $k \cdot \vec{u} \in V$。

如果上面定義的二個運算滿足下列八個公理，則 V 便稱為場 R 內的向量空間，V 的元素稱為向量。

$[A_1]$ 對於任何向量 $\vec{u}$，$\vec{v}$，$\vec{w} \in V$，$(\vec{u}+\vec{v})+\vec{w}=\vec{u}+(\vec{v}+\vec{w})$。（加法結合律）

$[A_2]$ V 中有一向量，以 $\vec{0}$ 表示，對於任何向量 $\vec{u} \in V$，$\vec{u}+\vec{0}=\vec{u}$。（加法單位元素）

$[A_3]$ 對於任何向量 $\vec{u} \in V$，V 中必有一向量，以 $-\vec{u}$ 表示，使得 $\vec{u}+(-\vec{u})=\vec{0}$。（加法反元素）

$[A_4]$ 對於任何向量 $\vec{u}$，$\vec{v} \in V$，$\vec{u}+\vec{v}=\vec{v}+\vec{u}$。（加法交換律）

$[M_1]$ 對於任何純量 $k \in R$ 和任何向量 $\vec{u}$，$\vec{v} \in V$，使得 $k \cdot (\vec{u}+\vec{v})=k\vec{u}+k\vec{v}$。（純量對向量加法的分配律）

$[M_2]$ 對於任何純量 a，$b \in R$ 和任何向量 $\vec{u} \in V$，使得 $(a+b)\vec{u}=a\vec{u}+b\vec{u}$。（向量對純量加法的分配律）

$[M_3]$ 對於任何純量 a，$b \in R$ 和任何向量 $\vec{u} \in V$，使得 $(ab)\vec{u}=a(b\vec{u})$。（純量與向量的結合律）

$[M_4]$ 對於單位純量 $1 \in R$ 和任何向量 $\vec{u} \in V$，使得 $1 \cdot \vec{u}=\vec{u}$。（向量乘法的單位元素）

（註：(1) 集合 V 定義二種運算，加法運算和乘法運算，此二運算要同時滿足上面 8 條件，V 才是場 R 內的向量空間；

(2) 上面的 $[A_i]$ 表示加法運算，$[M_i]$ 表示乘法運算。

(3) 由上的定義知，集合 V 定義二種運算（加法運算和乘法運算），若此二種運算滿足上面 8 個公理者，集合 V 就是向量空間。它可以是 n 個實數所組成的向量，也可以是一矩陣，或一多項式等（見例 23、25）。

15.【向量空間性質】設 V 為場 R 內的向量空間，則

(1) 對於任何純量 $k \in R$ 和向量 $\vec{0} \in V$，有 $k \cdot \vec{0} = \vec{0}$（註：「·」是乘）；

(2) 對於純量 $0 \in R$ 和任何向量 $\vec{u} \in V$，有 $0 \cdot \vec{u} = \vec{0}$（註：「·」是乘）；

(3) 對於任何純量 $k \in R$ 和任何向量 $\vec{u} \in V$，如果 $k \cdot \vec{u} = \vec{0}$，則 $k = 0$ 或 $\vec{u} = \vec{0}$

(4) 對於任何純量 $k \in R$ 和任何向量 $\vec{u} \in V$，有 $(-k) \cdot \vec{u} = k \cdot (-\vec{u}) = -k\vec{u}$

例 13 設 R 為一實數場，V 是三度空間向量，其向量的加法和純量的乘法定義如下：

加法：$[a_1, a_2, a_3] + [b_1, b_2, b_3] = [a_1 + b_1, a_2 + b_2, a_3 + b_3]$

乘法：$k[a_1, a_2, a_3] = [ka_1, ka_2, ka_3]$

其中：$a_1, a_2, a_3, b_1, b_2, b_3, k \in R$

請問 V 是否是 R 內的向量空間？

解 (1) 由定義知 $\vec{0} = [0,0,0] \in V$，

(2) 它們二個運算滿足上面八個公理，所以 V 是 R 內的向量空間

例 14 設 R 爲一實數場，V 是所有 n 次多項式

$$a_0 + a_1x + a_2x^2 + \cdots + a_nx^n$$

的集合，定義：

(1) 加法：$(a_0 + a_1x + \cdots + a_nx^n) + (b_0 + b_1x + \cdots + b_nx^n)$

$= (a_0 + b_0) + (a_1 + b_1)x + \cdots + (a_n + b_n)x^n$

(2) 乘法：$k(a_0 + a_1x + \cdots + a_nx^n)$

$= ka_0 + ka_1x + \cdots + ka_nx^n$

請問 V 是否是 R 內的向量空間？

解 (1) 由定義知 $0 + 0x + 0x^2 + \cdots + 0x^n = 0 \in V$，

(2) 它們二個運算滿足上面八個公理，所以 V 是 R 內的向量空間

例 15 設 R 爲一實數場，V 是有序對，$V = \{[a, b] \mid a, b \in R\}$ 的集合，請問下列定義的 V 是否是場 R 內的向量空間？

(a) 加法：$[a, b] + [c, d] = [a + c, b + d]$，乘法：$k[a, b] = [ka, b]$；

(b) 加法：$[a, b] + [c, d] = [a, b]$，乘法：$k[a, b] = [ka, kb]$；

(c) 加法：$[a, b] + [c, d] = [a + c, b + d]$，

乘法：$k[a, b] = [k^2a, k^2b]$。

做法 (1) 若能找出一組數值，不滿足八個公理中的任何一個，它就不是場 R 內的向量空間；

(2) 通常是找一些和平常定義不同的式子下手，即

(a) 例的 $k[a, b] = [ka, b]$

(b) 例的 $[a, b] + [c, d] = [a, b]$

(c) 例的 $k[a, b] = [k^2a, k^2b]$

解 設 $a=1$，$b=2\in R$ 和 $\vec{u}=[3,4],\vec{v}=[5,6]\in V$，

(a) $(a+b)\vec{u}=(1+2)[3,4]=3[3,4]=[3\cdot 3,4]=[9,4]$

$a\vec{u}+b\vec{u}=1\cdot[3,4]+2\cdot[3,4]=[3,4]+[6,4]=[9,8]$

$(a+b)\vec{u}\neq a\vec{u}+b\vec{u}$，所以 V 不是場 R 內的向量空間

(b) $\vec{u}+\vec{v}=[3,4]+[5,6]=[3,4]$

$\vec{v}+\vec{u}=[5,6]+[3,4]=[5,6]$

$\vec{u}+\vec{v}\neq\vec{v}+\vec{u}$，所以 V 不是場 R 內的向量空間

(c) $(a+b)\vec{u}=(1+2)[3,4]=3[3,4]=[3^2\cdot 3,3^2\cdot 4]=[27,36]$

$a\vec{u}+b\vec{u}=1\cdot[3,4]+2\cdot[3,4]=[3,4]+[12,16]=[15,20]$

$(a+b)\vec{u}\neq a\vec{u}+b\vec{u}$，所以 V 不是場 R 內的向量空間

4.3 子空間

16.【子空間的定義】設 W 是場 R 上的向量空間 V 的子集合（即 W 是 V 的部分集合，$W\subset V$），如果 W 對於 V 的向量加法和純量乘法運算，也是場 R 上的一個向量空間，則 W 就稱爲 V 的子空間。

17.【子空間的判定】只要滿足下列二個條件，W 就是 V 的子空間：

(1) 零向量 $\vec{0}$ 在 W 內（即 W 非空集合）；

(2) 對於任何純量 a，$b\in R$ 和任何向量 $\vec{u}$，$\vec{v}\in W$，滿足 $a\vec{u}+b\vec{v}\in W$。

（註：因為 V 是一個向量空間，它已滿足上面的八個公理，W 若要是 V 的一個子空間，它只要滿足上面二個條件即可）

例 16 設 V 是 R^3 的向量空間，請問下列的 W 是否爲 V 的子空間？

(a) $W = \{[a, b, 0] \mid a, b \in R\}$，

(b) $W = \{[a, b, c] \mid a + b + c = 0, a, b, c \in R\}$

解 (a) $W = \{[a, b, 0] \mid a, b \in R\}$，

(1) $[0, 0, 0] \in W$

(2) 對於任何純量 c，$d \in R$ 和任何向量

$\vec{u} = [a_1, b_1, 0]$，$\vec{v} = [a_2, b_2, 0] \in W$，

$$c\vec{u} + d\vec{v} = c[a_1, b_1, 0] + d[a_2, b_2, 0]$$
$$= [ca_1 + da_2, cb_1 + db_2, 0] \in W$$

所以 W 為 V 的子空間

(b) $W = \{[a, b, c] \mid a + b + c = 0\}$，

(1) $[0, 0, 0] \in W$，因 $0 + 0 + 0 = 0$

(2) 對於任何純量 d，$f \in R$ 和任何向量

$\vec{u} = [a_1, b_1, c_1]$，$\vec{v} = [a_2, b_2, c_2] \in W$，

也就是 $a_1 + b_1 + c_1 = 0$ 且 $a_2 + b_2 + c_2 = 0$，

$$d\vec{u} + f\vec{v} = d[a_1, b_1, c_1] + f[a_2, b_2, c_2]$$
$$= [da_1 + fa_2, db_1 + fb_2, da_3 + fb_3]$$

因 $(da_1 + fa_2) + (db_1 + fb_2) + (dc_1 + fc_2)$

$$= d(a_1 + b_1 + c_1) + f(a_2 + b_2 + c_2) = 0 \in W$$

所以 W 為 V 的子空間

例 17 設 V 是 R^3 的向量空間，請問下列的 W 是否爲 V 的子空間？

(a) $W = \{[a, b, c] \mid a \geq 0, a, b, c \in R\}$，

(b) $W=\{[a,b,c] \mid a^2+b^2+c^2 \le 1, a,b,c \in R\}$

做法 找出一組數值，不滿足子空間的二個性質中的任何一個，W 就不是 V 的子空間。

解 (a) $W=\{[a,b,c] \mid a \ge 0, a,b,c \in R\}$

設 $\vec{u}=[a,b,c] \in W$，$k=-1 \in R$

因 $k \cdot \vec{u}=[-a,-b,-c] \notin W$（因 $-a<0$）

所以 W 不是 V 的子空間

(b) $W=\{[a,b,c] \mid a^2+b^2+c^2 \le 1, a,b,c \in R\}$

設 $\vec{u}=[1,0,0] \in W$，$\vec{v}=[0,1,0] \in W$

因 $\vec{u}+\vec{v}=[1,0,0]+[0,1,0]=[1,1,0] \notin W$

（因 $1^2+1^2+0^2=2>1$）

所以 W 不是 V 的子空間

4.4 列空間

18.【矩陣的列空間】設矩陣 A 是場 R 內的任意 $m \times n$ 矩陣，

即 $A=\begin{bmatrix} a_{11} & a_{12} & \cdots & a_{1n} \\ a_{21} & a_{22} & \cdots & a_{2n} \\ \cdots & \cdots & \cdots & \cdots \\ a_{m1} & a_{m2} & \cdots & a_{mn} \end{bmatrix}$，則

(1) 矩陣 A 的所有列（row）：

$R_1=[a_{11}, a_{12}, \cdots, a_{1n}]$、$R_2=[a_{21}, a_{22}, \cdots, a_{2n}]$、……、

$R_m=[a_{m1}, a_{m2}, \cdots, a_{mn}]$，

可當作是 R^n 中的向量（註：n 是 R_i 向量內的分量個數），所產生的 R^n 子空間，稱爲矩陣 A 的列空間（Row space）。

(2) 矩陣 A 的所有行（column）：

$L_1 = [a_{11}, a_{21}, \cdots, a_{m1}]$、$L_2 = [a_{12}, a_{22}, \cdots, a_{m2}]$、……、

$L_n = [a_{1n}, a_{2n}, \cdots, a_{mn}]$，

可當作是 R^m 中的向量（註：m 是 L_i 向量內的分量個數），所產生的 R^m 子空間，稱爲矩陣 A 的行空間（Column space）。

19.【列空間基本列運算】若對矩陣 A 的列空間做基本運算，即 (1) $R_i \leftrightarrow R_j$；(2) $R_i \to kR_i$，$k \neq 0$；或 (3) $R_i \to kR_j + R_i$；得到矩陣 B，則矩陣 A 和 B 有相同的列空間。

20.【相同的列空間】二矩陣做完「化簡後的列階梯形矩陣」後，具有相同的非零列時，它們二矩陣才具有相同的列空間。

■ 說明：要判斷二矩陣是否有相同的列空間時，必須將此二矩陣都做「化簡後的列階梯形矩陣」，若此二矩陣有完全相同的「化簡後的列階梯形矩陣」，此二矩陣才具有相同的列空間。

例 18 若由向量 $\vec{u}_1 = [1, 2, -1, 3]$、$\vec{u}_2 = [2, 4, 1, -2]$、$\vec{u}_3 = [3, 6, 3, -7]$ 所組成的向量空間稱爲 U，由向量 $\vec{v}_1 = [1, 2, -4, 11]$、$\vec{v}_2 = [2, 4, -5, 14]$ 所組成的向量空間稱爲 V，請問 U 和 V 是否有相同的列向量空間？

做法 將它們二個化簡成「化簡後的列階梯形矩陣」，若相同，表示有相同的向量空間。

解 $U=\begin{bmatrix}1&2&-1&3\\2&4&1&-2\\3&6&3&-7\end{bmatrix}\Rightarrow\begin{bmatrix}1&2&-1&3\\0&0&3&-8\\0&0&6&-16\end{bmatrix}\Rightarrow\begin{bmatrix}1&2&-1&3\\0&0&3&-8\\0&0&0&0\end{bmatrix}$

$\Rightarrow\begin{bmatrix}1&2&0&1/3\\0&0&1&-8/3\\0&0&0&0\end{bmatrix}$

$V=\begin{bmatrix}1&2&-4&11\\2&4&-5&14\end{bmatrix}\Rightarrow\begin{bmatrix}1&2&-4&11\\0&0&3&-8\end{bmatrix}$

$\Rightarrow\begin{bmatrix}1&2&0&1/3\\0&0&1&-8/3\end{bmatrix}$（與 U 同）

所以 U 和 V 是相同的向量空間

例 19 請問下列三矩陣是否有相同的列空間？

$A=\begin{bmatrix}1&1&5\\2&3&13\end{bmatrix}$，$B=\begin{bmatrix}1&-1&-2\\3&-2&-3\end{bmatrix}$，$C=\begin{bmatrix}1&-1&-1\\4&-3&-1\\3&-1&3\end{bmatrix}$

解 $A=\begin{bmatrix}1&1&5\\2&3&13\end{bmatrix}\Rightarrow\begin{bmatrix}1&1&5\\0&1&3\end{bmatrix}\Rightarrow\begin{bmatrix}1&0&2\\0&1&3\end{bmatrix}$

$B=\begin{bmatrix}1&-1&-2\\3&-2&-3\end{bmatrix}\Rightarrow\begin{bmatrix}1&-1&-2\\0&1&3\end{bmatrix}\Rightarrow\begin{bmatrix}1&0&1\\0&1&3\end{bmatrix}$

$C=\begin{bmatrix}1&-1&-1\\4&-3&-1\\3&-1&3\end{bmatrix}\Rightarrow\begin{bmatrix}1&-1&-1\\0&1&3\\0&2&6\end{bmatrix}\Rightarrow\begin{bmatrix}1&-1&-1\\0&1&3\\0&0&0\end{bmatrix}$

$\Rightarrow\begin{bmatrix}1&0&2\\0&1&3\\0&0&0\end{bmatrix}$（與 A 同）

所以 A 和 C 有相同的列空間

例 20 請問下列二矩陣是否有相同的「行空間」？

$$A=\begin{bmatrix}1&3&5\\1&4&3\\1&1&9\end{bmatrix}，B=\begin{bmatrix}1&2&3\\-2&-3&-4\\7&12&17\end{bmatrix}$$

做法 要求它們是否有相同的行空間，也就是要求其轉置矩陣是否有相同的列空間。

解 $$A^T=\begin{bmatrix}1&1&1\\3&4&1\\5&3&9\end{bmatrix}\Rightarrow\begin{bmatrix}1&1&1\\0&1&-2\\0&-2&4\end{bmatrix}\Rightarrow\begin{bmatrix}1&1&1\\0&1&-2\\0&0&0\end{bmatrix}$$

$$\Rightarrow\begin{bmatrix}1&0&3\\0&1&-2\\0&0&0\end{bmatrix}$$

$$B^T=\begin{bmatrix}1&-2&7\\2&-3&12\\3&-4&17\end{bmatrix}\Rightarrow\begin{bmatrix}1&-2&7\\0&1&-2\\0&2&-4\end{bmatrix}\Rightarrow\begin{bmatrix}1&-2&7\\0&1&-2\\0&0&0\end{bmatrix}$$

$$\Rightarrow\begin{bmatrix}1&0&3\\0&1&-2\\0&0&0\end{bmatrix}\text{（同 }A^T\text{）}$$

所以它們有相同的行空間

4.5 線性組合

21.【線性組合】(1) 設 V 是場 R 上的向量空間，且 $\vec{v}_1, \vec{v}_2, \cdots, \vec{v}_n \in V$，$a_1, a_2, \cdots, a_n \in R$，則 $a_1\vec{v}_1 + a_2\vec{v}_2 + \cdots + a_n\vec{v}_n$，稱為 $\vec{v}_1, \vec{v}_2, \cdots, \vec{v}_n$ 的線性組合（Linear combination）。

(2) 若要將向量 $\vec{u}$ 表示成向量 $\vec{v}_1, \vec{v}_2, \cdots, \vec{v}_n \in V$ 的線性組合，其作法為：

令 $\vec{u} = a_1\vec{v}_1 + a_2\vec{v}_2 + \cdots + a_n\vec{v}_n$，其中 a_i 是未知數。

將上式向量左右等式列出聯立方程式後，

(a) 若能找出一組 $a_1, a_2, \cdots, a_n \in R$，滿足

$$\vec{u} = a_1\vec{v}_1 + a_2\vec{v}_2 + \cdots + a_n\vec{v}_n,$$

則稱向量 $\vec{u}$ 可表示成向量 $\vec{v}_1, \vec{v}_2, \cdots, \vec{v}_n \in V$ 的線性組合；

(b) 若找不出一組 $a_1, a_2, \cdots, a_n \in R$，滿足

$$\vec{u} = a_1\vec{v}_1 + a_2\vec{v}_2 + \cdots + a_n\vec{v}_n,$$

則稱向量 $\vec{u}$ 不可表示成向量 $\vec{v}_1, \vec{v}_2, \cdots, \vec{v}_n \in V$ 的線性組合。

例 21 請將向量 $\vec{u} = [1, -2, 5]$ 表示成向量 $\vec{v}_1 = [1, 1, 1]$、$\vec{v}_2 = [1, 2, 3]$ 和 $\vec{v}_3 = [2, -1, 1]$ 的線性組合

解 令 $\vec{u} = a \cdot \vec{v}_1 + b \cdot \vec{v}_2 + c \cdot \vec{v}_3$，其中：未知數 $a, b, c \in R$

則 $[1, -2, 5] = a \cdot [1, 1, 1] + b \cdot [1, 2, 3] + c \cdot [2, -1, 1]$

$$= [a, a, a] + [b, 2b, 3b] + [2c, -c, c]$$

$$= [a + b + 2c, a + 2b - c, a + 3b + c]$$

$$\Rightarrow \begin{cases} a+b+2c=1 \\ a+2b-c=-2 \\ a+3b+c=5 \end{cases} \Rightarrow a=-6,\quad b=3,\quad c=2$$

所以 $\vec{u}=-6\cdot\vec{v}_1+3\cdot\vec{v}_2+2\cdot\vec{v}_3$

例 22 請將向量 $\vec{u}=[2,-5,3]$ 表示成向量 $\vec{v}_1=[1,-3,2]$、$\vec{v}_2=[2,-4,-1]$ 和 $\vec{v}_3=[1,-5,7]$ 的線性組合

解 令 $\vec{u}=a\cdot\vec{v}_1+b\cdot\vec{v}_2+c\cdot\vec{v}_3$，其中：未知數 $a,b,c\in R$

則 $[2,-5,3]=a\cdot[1,-3,2]+b\cdot[2,-4,-1]+c\cdot[1,-5,7]$

$$=[a,-3a,2a]+[2b,-4b,-b]+[c,-5c,7c]$$

$$=[a+2b+c,-3a-4b-5c,2a-b+7c]$$

將底下方程組做階梯形化運算

$$\Rightarrow \begin{cases} a+2b+c=2 \\ -3a-4b-5c=-5 \\ 2a-b+7c=3 \end{cases} \Rightarrow \begin{cases} a+2b+c=2 \\ 2b-2c=1 \\ -5b+5c=-1 \end{cases} \Rightarrow \begin{cases} a+2b+c=2 \\ 2b-2c=1 \\ 0=3 \end{cases}$$

因出現 $0=3$ 矛盾的方程式，所以 $\vec{u}$ 不能表示成向量 $\vec{v}_1$、$\vec{v}_2$ 和 $\vec{v}_3$ 的線性組合

例 23 請將多項式 $u=t^2+4t-3$ 表示成 $v_1=t^2-2t+5$、$v_2=2t^2-3t$ 和 $v_3=t+3$ 的線性組合

說明 在第 14 點的說明中，多項式也屬於向量空間的概念

解 令 $u=a\cdot v_1+b\cdot v_2+c\cdot v_3$，其中：未知數 $a,b,c\in R$

則 $t^2+4t-3=a\cdot(t^2-2t+5)+b\cdot(2t^2-3t)+c\cdot(t+3)$

$$=(at^2-2at+5a)+(2bt^2-3bt)+(ct+3c)$$

$$=(a+2b)t^2+(-2a-3b+c)t+(5a+3c)$$

$$\Rightarrow \begin{cases} a+2b=1 \\ -2a-3b+c=4 \\ 5a+3c=-3 \end{cases} \Rightarrow a=-3,\ b=2,\ c=4$$

所以 $u=-3v_1+2v_2+4v_3$

例 24 R^3 的向量中 $\vec{u}=[1,-2,k]$，k 要何值，$\vec{u}$ 才可以表示成向量 $\vec{v}_1=[3,0,-2]$、$\vec{v}_2=[2,-1,-5]$ 的線性組合

解 令 $\vec{u}=a\cdot\vec{v}_1+b\cdot\vec{v}_2$

$[1,-2,k]=a[3,0,-2]+b[2,-1,-5]=[3a+2b,-b,-2a-5b]$

$\Rightarrow 3a+2b=1$、$-b=-2$、$-2a-5b=k$

$\Rightarrow b=2$、$a=-1$、

$k=-2a-5b=2-10=-8$

例 25 請將矩陣 $D=\begin{bmatrix}3 & 1\\ 1 & -1\end{bmatrix}$ 表示成 $A=\begin{bmatrix}1 & 1\\ 1 & 0\end{bmatrix}$、$B=\begin{bmatrix}0 & 0\\ 1 & 1\end{bmatrix}$、$C=\begin{bmatrix}0 & 2\\ 0 & -1\end{bmatrix}$的線性組合

說明 在第 14 點的說明中，矩陣也屬於向量空間的概念

解 令 $D=a\cdot A+b\cdot B+c\cdot C$

$$\Rightarrow \begin{bmatrix}3 & 1\\ 1 & -1\end{bmatrix}=a\cdot\begin{bmatrix}1 & 1\\ 1 & 0\end{bmatrix}+b\cdot\begin{bmatrix}0 & 0\\ 1 & 1\end{bmatrix}+c\cdot\begin{bmatrix}0 & 2\\ 0 & -1\end{bmatrix}$$

$$=\begin{bmatrix}a & a+2c\\ a+b & b-c\end{bmatrix}$$

$\Rightarrow a=3,\ a+2c=1,\ a+b=1\quad b-c=-1$

$\Rightarrow a=3,\ b=-2\quad c=-1$

所以 $D=3A-2B-C$

22.【組成向量空間】在 R^n 的向量中，最多要有 n 個向量可組成其向量空間且此 n 個向量所組成的行列式要不爲 0。例如：三度空間 R^3 向量，最多要有 3 個向量可組成其向量空間，即任何 R^3 向量均可表示成此 3 個向量的線性組合。

註：(1) n 個向量所組成的行列式不為 0，表示這些向量是線性獨立，向量的線性獨立定義，請參閱下一章說明。

(2) R^3 的三個向量，若其行列式不為 0，此三向量為線性獨立。

例 26 向量 $\vec{v}_1=[1,2,3]$、$\vec{v}_2=[0,1,2]$ 和 $\vec{v}_3=[0,0,1]$ 能否產生所有 R^3 的向量？

做法 它是要求是否任意向量 $\vec{u}=[a,b,c]\in R^3$，都可表成 $\vec{v}_1$、$\vec{v}_2$、$\vec{v}_3$ 的線性組合

解 設 $\vec{u}=x\cdot\vec{v}_1+y\cdot\vec{v}_2+z\cdot\vec{v}_3$，$x,y,z\in R$

$\Rightarrow [a,b,c]=x\cdot[1,2,3]+y\cdot[0,1,2]+z\cdot[0,0,1]$

$=[x,2x+y,3x+2y+z]$

$\Rightarrow x=a$，$2x+y=b$，$3x+2y+z=c$

$\Rightarrow x=a$，$y=b-2x=b-2a$，

$z=c-3x-2y=c-3a-2(b-2a)=a-2b+c$

即 $\vec{u}=a\cdot\vec{v}_1+(b-2a)\cdot\vec{v}_2+(a-2b+c)\cdot\vec{v}_3$

所以 $\vec{u}$ 可表成 $\vec{v}_1$、$\vec{v}_2$、$\vec{v}_3$ 的線性組合

註：本題也可以用下一章的「基底」來解，即行列式不為 0 的 $\vec{v}_1,\vec{v}_2,\vec{v}_3$ 可為一基底

例 27 若 $\vec{u}=[a,b,c]\in R^3$ 可由向量 $\vec{v}_1=[2, 1, 0]$、$\vec{v}_2=[1, -1, 2]$、$\vec{v}_3=[0, 3, -4]$ 的線性組合，則 a, b, c 有何條件？

做法 它是要求任意向量 $\vec{u}=[a,b,c]\in R^3$，都可表成 $\vec{v}_1$、$\vec{v}_2$、$\vec{v}_3$ 的線性組合，a, b, c 有何限制？

解 設 $\vec{u}=x\cdot\vec{v}_1+y\cdot\vec{v}_2+z\cdot\vec{v}_3$

$$\Rightarrow [a, b, c]=x\cdot[2, 1, 0]+y\cdot[1, -1, 2]+z\cdot[0, 3, -4]$$

$$=[2x+y, x-y+3z, 2y-4z]$$

$$\Rightarrow \begin{cases} 2x+y=a \\ x-y+3z=b \\ 2y-4z=c \end{cases} \Rightarrow \begin{bmatrix} 2 & 1 & 0 & a \\ 1 & -1 & 3 & b \\ 0 & 2 & -4 & c \end{bmatrix} \Rightarrow \begin{bmatrix} 2 & 1 & 0 & a \\ 0 & 3 & -6 & a-2b \\ 0 & 2 & -4 & c \end{bmatrix}$$

$$L_3 \to 2L_2-3L_3 \Rightarrow \begin{bmatrix} 2 & 1 & 0 & a \\ 0 & 3 & -6 & a-2b \\ 0 & 0 & 0 & 2a-4b-3c \end{bmatrix}$$

由最後一列知，a, b, c 的條件是 $2a-4b-3c=0$

（註：$\vec{v}_1$、$\vec{v}_2$、$\vec{v}_3$ 並不產生整個 R^3 空間，其所能產生的向量只限於 $2a-4b-3c=0$ 的 R^3 向量）

練習題

1. 設 $\vec{u}=[3, -2, 1, 4]$、$\vec{v}=[7, 1, -3, 6]$，求 (1) $\vec{u}+\vec{v}$；(2) $4\vec{u}$；(3) $2\vec{u}-3\vec{v}$；(4) $\vec{u}\cdot\vec{v}$；(5) $\|\vec{u}\|$ 和 $\|\vec{v}\|$；(6) $d(\vec{u},\vec{v})$

   答：(1) $[10, -1, -2, 10]$；(2) $[12, -8, 4, 16]$；
   (3) $[-15, -7, 11, -10]$；(4) 40；
   (5) $\|\vec{u}\|=\sqrt{30}$, $\|\vec{v}\|=\sqrt{95}$；(6) $3\sqrt{5}$

2. 若下列二向量垂直，求其 k 值

   (1) $\vec{u}=[3, k, -2]$，$\vec{v}=[6, -4, -3]$；(2) $\vec{u}=[5, k, -4, 2]$，

$\vec{v} = [1, -3, 2, 2k]$；(3) $\vec{u} = [1, 7, k+2, -2]$，$\vec{v} = [3, k, -3, k]$；

答：(1) $k = 6$；(2) $k = 3$；(3) $k = 3/2$

3. 求下列 x 和 y 值

(1)$[x, x+y] = [y-2, 6]$；(2)$x[1, 2] = -4[y, 3]$；

(3)$x[3, 2] = 2[y, -1]$；(4)$x[2, y] = y[1, -2]$

答：(1)$x = 2$，$y = 4$；(2)$x = -6$，$y = 3/2$；(3)$x = -1$，$y = -3/2$；(4)$x = 0$，$y = 0$ 或 $x = -2$，$y = -4$

4. 求下列 x、y 和 z 值

(1)$[3, -1, 2] = x[1, 1, 1] + y[1, -1, 0] + z[1, 0, 0]$；

(2)$[-1, 3, 3] = x[1, 1, 0] + y[0, 0, -1] + z[0, 1, 1]$；

答：(1)$x = 2$，$y = 3$，$z = -2$；(2)$x = -1$，$y = 1$，$z = 4$；

5. 求下列向量的 norm 和單位向量

(1) $\vec{v}_1 = [1, 2, 3]$、(2) $\vec{v}_2 = [5, 12]$

答：(1) norm $= \sqrt{14}$、單位向量 $= \dfrac{1}{\sqrt{14}}[1, 2, 3]$；

(2) norm $= 13$、單位向量 $= \dfrac{1}{13}[5, 12]$

6. 設實數場 R 且 V 是有序對，$V = \{(a, b) \mid a, b \in R\}$ 的集合，證明下列定義的 V 不是 R 內的向量空間

(a) 加法：$[a, b] + [c, d] = [a+d, b+c]$，

乘法：$k[a, b] = [ka, kb]$

(b) 加法：$[a, b] + [c, d] = [a+c, b+d]$，乘法：$k[a, b] = [a, b]$

(c) 加法：$[a, b] + [c, d] = [0, 0]$，乘法：$k[a, b] = [ka, kb]$

(d) 加法：$[a, b] + [c, d] = [ac, bd]$，

乘法：$k[a, b] = [ka, kb]$

7. 設 V 是 R^3 的向量空間，下列的 W 是由向量 $[a, b, c] \in R^3$ 組成，請問 W 是否為 V 的子空間？

(a)$W = \{(a, b, c) \mid a = 2b\}$，(b)$W = \{(a, b, c) \mid a \le b \le c\}$

(c)$W = \{(a, b, c) \mid a \cdot b = 0\}$，(d)$W = \{(a, b, c) \mid a = b = c\}$

(e)$W = \{(a, b, c) \mid a = b^2\}$，

(f)$W = \{(a, b, c) \mid k_1 a + k_2 b + k_3 c = 0, k_i \in R\}$

答：(a) 是；

(b) 否，例如：$[1, 2, 3] \in W$，但 $-2[1, 2, 3] \notin W$；

(c) 否，例如：$[1, 0, 0]$ 和 $[0, 1, 0] \in W$，但它們的和卻不是；(d) 是；

(e) 否，例如：$[9, 3, 0] \in W$，但 $2[9, 3, 0] \notin W$；

(f) 是

8. $A\vec{x} = \vec{b}$ 非齊次線性方程組中（即 $\vec{b} \ne \vec{0}$），A 是場 R 內 n 階方陣的向量空間，此方程式的解集合 W 是否為 R^n 的子空間？

答：不是：因 $[0, 0, \cdots, 0] \notin W$

9. 將下列的向量用 $\vec{u} = [1, -3, 2]$、$\vec{v} = [2, -1, 1]$ 的線性組合表示

(1)$[1, 7, -4]$；(2)$[2, -5, 4]$；(3)$[1, k, 5]$，k 為何值，才能表成 $\vec{u}$ 和 $\vec{v}$ 的線性組合；(4)$[a, b, c]$，a, b, c 關係為何，才能表成 $\vec{u}$ 和 $\vec{v}$ 的線性組合

答：(1) $-3\vec{u} + 2\vec{v}$；(2) 不可能；(3)$k = -8$；

(4)$a - 3b - 5c = 0$

10. 將下列的多項式用 $u = 2t^2 + 3t - 4$、$v = t^2 - 2t - 3$ 的線性組合表示

(1)$w = 3t^2 + 8t - 5$；(2)$w = 4t^2 - 6t - 1$

答：(1)$w = 2u - v$；(2) 不可能

11. 將下列的矩陣用 $A = \begin{bmatrix} 1 & 1 \\ 0 & -1 \end{bmatrix}$、$B = \begin{bmatrix} 1 & 1 \\ -1 & 0 \end{bmatrix}$、$C = \begin{bmatrix} 1 & -1 \\ 0 & 0 \end{bmatrix}$ 的線性組合表示

(1) $D = \begin{bmatrix} 3 & -1 \\ 1 & -2 \end{bmatrix}$；(2) $D = \begin{bmatrix} 2 & 1 \\ -1 & -2 \end{bmatrix}$

答：(1)$D = 2A - B + 2C$；(2) 不可能

12. 請問向量 $\vec{u} = [1, 1, 1]$、$\vec{v} = [0, 1, 1]$、$\vec{w} = [0, 1, -1]$、能否產生 R^3（即任何向量均可以是此三向量的線性組合）？

答：是

13. 請問 R^3 中的 yz 平面 $V = \{(0, b, c) \mid b, c \in R\}$，是否可由下列向量產生？

(1) $\vec{u} = [0, 1, 1]$、$\vec{v} = [0, 2, -1]$

(2) $\vec{u} = [0, 1, 2]$、$\vec{v} = [0, 2, 3]$、$\vec{w} = [0, 3, 1]$

答：(1) 可以；(2) 可以；

14. 請問三次以下的多項式，是否可由下列多項式產生？

$(1-t)^3$、$(1-t)^2$、$(1-t)$、1

答：可以

15. 下列三矩陣中，那些矩陣有相同的列空間？

$A = \begin{bmatrix} 1 & -2 & -1 \\ 3 & -4 & 5 \end{bmatrix}$、$B = \begin{bmatrix} 1 & -1 & 2 \\ 2 & 3 & -1 \end{bmatrix}$、$C = \begin{bmatrix} 1 & -1 & 3 \\ 2 & -1 & 10 \\ 3 & -5 & 1 \end{bmatrix}$

答：A 和 C

16. 請問下列二組向量是否有相同的子空間

(1) $\vec{u}_1=[1,1,-1]$、$\vec{u}_2=[2,3,-1]$、$\vec{u}_3=[3,1,-5]$；

(2) $\vec{v}_1=[1,-1,-3]$、$\vec{v}_2=[3,-2,-8]$、$\vec{v}_3=[2,1,-3]$、

答：是

17. 請問 $S=\{(x,y,z)\mid y=z\}$ 是否爲 R^3 的子空間

答：是

第 5 章　維度與基底

5.1　線性相依與線性獨立

1.【線性相依與線性獨立】設 V 是場 R 內的向量空間，且 $\vec{v}_1, \vec{v}_2, \cdots, \vec{v}_n \in V$，$a_1, a_2, \cdots, a_n \in R$，在

$$a_1\vec{v}_1 + a_2\vec{v}_2 + \cdots + a_n\vec{v}_n = \vec{0}$$ 中，

(1) 若至少有一個 $a_i \neq 0$，則稱 $\vec{v}_1, \vec{v}_2, \cdots, \vec{v}_n$ 爲線性相依（Linear dependent）。線性相依的意思是其中一個向量可以是其它向量的線性組合；

(2) 若全部的 a_i 均爲 0，則稱 $\vec{v}_1, \vec{v}_2, \cdots, \vec{v}_n$ 爲線性獨立（Linear independent）。線性獨立的意思是沒有一個向量是其它向量的線性組合。

■ 用法：要求 $\vec{v}_1, \vec{v}_2, \cdots, \vec{v}_n$ 是否線性相依或獨立時，就計算 $a_1\vec{v}_1 + a_2\vec{v}_2 + \cdots + a_n\vec{v}_n = \vec{0}$中，是否可找出一個 $a_i \neq 0$，

(1) 若能找得到，則 $\vec{v}_1, \vec{v}_2, \cdots, \vec{v}_n$ 爲線性相依；

(2) 若找不到，則 $\vec{v}_1, \vec{v}_2, \cdots, \vec{v}_n$ 爲線性獨立。

（註：a_i 均為 0 時，此方程式等號一定成立）

例 1　請問向量 $\vec{u} = [1, -1, 0]$、$\vec{v} = [1, 3, -1]$、$\vec{w} = [5, 3, -2]$ 是線性相依？還是線性獨立？

解　令 $a\vec{u} + b\vec{v} + c\vec{w} = \vec{0}$，其中 $a, b, c \in R$（看能否找出不為 0 的 a, b 或 c）

$\Rightarrow a[1, -1, 0] + b[1, 3, -1] + c[5, 3, -2] = \vec{0}$

$\Rightarrow [a, -a, 0] + [b, 3b, -b] + [5c, 3c, -2c] = [0, 0, 0]$

$$\Rightarrow \begin{cases} a+b+5c=0 \\ -a+3b+3c=0 \\ -b-2c=0 \end{cases} \Rightarrow \begin{bmatrix} 1 & 1 & 5 \\ -1 & 3 & 3 \\ 0 & -1 & -2 \end{bmatrix} \begin{bmatrix} a \\ b \\ c \end{bmatrix} = \begin{bmatrix} 0 \\ 0 \\ 0 \end{bmatrix}$$

（化成列階梯形矩陣）

$$\Rightarrow \begin{bmatrix} 1 & 1 & 5 \\ -1 & 3 & 3 \\ 0 & -1 & -2 \end{bmatrix} \Rightarrow \begin{matrix} L_2 \to L_1 + L_2 \\ \text{後再} \\ L_3 \to L_2 + 4L_3 \end{matrix} \Rightarrow \begin{bmatrix} 1 & 1 & 5 \\ 0 & 4 & 8 \\ 0 & 0 & 0 \end{bmatrix}$$

$$\Rightarrow \begin{bmatrix} 1 & 1 & 5 \\ 0 & 4 & 8 \\ 0 & 0 & 0 \end{bmatrix} \begin{bmatrix} a \\ b \\ c \end{bmatrix} = \begin{bmatrix} 0 \\ 0 \\ 0 \end{bmatrix} \Rightarrow \begin{cases} a+b+5c=0 \\ 4b+8c=0 \end{cases}$$

二個方程式有三個未知數，聯立方程組有無窮多組解（或聯立方程組有非 0 的解），其為線性相依。

另解 在 R^3 的向量空間內，若三個向量的行列式值為 0，則此三向量為線性相依

$$\text{因} \begin{vmatrix} 1 & -1 & 0 \\ 1 & 3 & -1 \\ 5 & 3 & -2 \end{vmatrix} = 0 \text{，此三向量為線性相依}$$

例 2 請問向量 $\vec{u} = [6, 2, 3, 4]$、$\vec{v} = [0, 5, -3, 1]$、$\vec{w} = [0, 0, 7, -2]$ 是線性相依？還是線性獨立？

做法 因此題是 R^4 內的三個向量，故無法用行列式來解

解 令 $a\vec{u} + b\vec{v} + c\vec{w} = \vec{0}$，其中 $a, b, c \in R$（看能否找出不為 0 的 a, b 或 c）

$\Rightarrow a[6, 2, 3, 4] + b[0, 5, -3, 1] + c[0, 0, 7, -2] = \vec{0}$

$\Rightarrow [6a, 2a, 3a, 4a] + [0, 5b, -3b, b] + [0, 0, 7c, -2c]$

$= [0, 0, 0, 0]$

$$\Rightarrow\begin{cases}6a=0\\2a+5b=0\\3a-3b+7c=0\\4a+b-2c=0\end{cases}\Rightarrow\begin{bmatrix}6&0&0\\2&5&0\\3&-3&7\\4&1&-2\end{bmatrix}\begin{bmatrix}a\\b\\c\end{bmatrix}=\begin{bmatrix}0\\0\\0\\0\end{bmatrix}$$

（化成列階梯形矩陣）

$$\begin{bmatrix}6&0&0\\2&5&0\\3&-3&7\\4&1&-2\end{bmatrix}\xRightarrow[\substack{L_2\to -2L_1+L_2\\L_3\to -3L_1+L_3\\L_4\to -4L_1+L_4}]{L_1\to\frac{1}{6}L_1\text{ 後再}}\begin{bmatrix}1&0&0\\0&5&0\\0&-3&7\\0&1&-2\end{bmatrix}$$

$$\xRightarrow[\substack{L_3\to 3L_2+L_3\\L_4\to -L_2+L_4}]{L_2\to\frac{1}{5}L_2\text{ 後再}}\begin{bmatrix}1&0&0\\0&1&0\\0&0&7\\0&0&-2\end{bmatrix}\xRightarrow{L_4\to\frac{2}{7}L_3+L_4}\begin{bmatrix}1&0&0\\0&1&0\\0&0&7\\0&0&0\end{bmatrix}$$

$$\Rightarrow\begin{bmatrix}1&0&0\\0&1&0\\0&0&7\\0&0&0\end{bmatrix}\begin{bmatrix}a\\b\\c\end{bmatrix}=\begin{bmatrix}0\\0\\0\\0\end{bmatrix}\Rightarrow\begin{cases}a=0\\b=0\\c=0\end{cases}$$

因此聯立方程組a,b,c的解全為0，所以其為線性獨立。

> 2.【線性相依與線性獨立性質】在 $\vec{v}_1,\vec{v}_2,\cdots,\vec{v}_n\in V$ 中，
>
> (1) 如果至少有一個 $\vec{v}_i=\vec{0}$，則 $\vec{v}_1,\vec{v}_2,\cdots,\vec{v}_n$ 爲線性相依。
>
> （因 $0\vec{v}_1+0\vec{v}_2+\cdots+1\cdot\vec{v}_i+\cdots+0\vec{v}_n=\vec{0}$ 一定成立）
>
> (2) 呈列階梯形矩陣的所有非零列向量是線性獨立的。

(3) 如果有二個向量 $\vec{v}_i$ 和 $\vec{v}_j$ 相等，則 $\vec{v}_1, \vec{v}_2, \cdots, \vec{v}_n$ 爲線性相依。

（因 $0\vec{v}_1 + \cdots + 1 \cdot \vec{v}_i + \cdots - 1 \cdot \vec{v}_j + \cdots + 0\vec{v}_n = \vec{0}$ 一定成立）

(4) 如果有一個向量 $\vec{v}_i$ 是另一個向量 $\vec{v}_j$ 的倍數時，則 $\vec{v}_1, \vec{v}_2, \cdots, \vec{v}_n$ 爲線性相依。

（因 $0\vec{v}_1 + \cdots + 1 \cdot \vec{v}_i + \cdots - k \cdot \vec{v}_j + \cdots + 0\vec{v}_n = \vec{0}$ 一定成立）

(5) 二維平面的二個向量平行，或三維空間的三個向量在同一平面上時，這二個或三個向量爲線性相依。

3.【矩陣的秩】(1) 矩陣 A 的秩（Rank）是該矩陣線性獨立列（或線性獨立行）的個數，以 rank (A) 表示之；

(2) 矩陣 A 線性獨立「列」的個數和線性獨立「行」的個數相同；

(3) 矩陣 A 化簡成列階梯形矩陣的非零列個數，就是該矩陣的秩；

(4) 有 n 個向量，將此 n 個向量組成一個矩陣，若此矩陣的秩爲 m，則

(a) 若 $m = n$，則此 n 個向量爲線性獨立；

(b) 若 $m < n$，則此 n 個向量爲線性相依。

（註：不可能 $m > n$）

(5) 一個$m \times n$矩陣，其秩一定小於或等於m和n的最小值。

例 3 求下列矩陣的秩

$$(1)\begin{bmatrix} 1 & 3 & 1 & -2 & -3 \\ 1 & 4 & 3 & -1 & -4 \\ 2 & 3 & -4 & -7 & -3 \\ 3 & 8 & 1 & -7 & -8 \end{bmatrix}；(2)\begin{bmatrix} 1 & 2 & -3 \\ 2 & 1 & 0 \\ -2 & -1 & 3 \\ -1 & 4 & -2 \end{bmatrix}；$$

(3) $\begin{bmatrix} 1 & 3 \\ 0 & -2 \\ 5 & -1 \\ -2 & 3 \end{bmatrix}$

做法 利用「呈列階梯形矩陣的所有非零列個數是該矩陣的秩」來解

解 (1) $\begin{bmatrix} 1 & 3 & 1 & -2 & -3 \\ 1 & 4 & 3 & -1 & -4 \\ 2 & 3 & -4 & -7 & -3 \\ 3 & 8 & 1 & -7 & -8 \end{bmatrix} \Rightarrow \begin{bmatrix} 1 & 3 & 1 & -2 & -3 \\ 0 & 1 & 2 & 1 & -1 \\ 0 & -3 & -6 & -3 & 3 \\ 0 & -1 & -2 & -1 & 1 \end{bmatrix}$

$\Rightarrow \begin{bmatrix} 1 & 3 & 1 & -2 & -3 \\ 0 & 1 & 2 & 1 & -1 \\ 0 & 0 & 0 & 0 & 0 \\ 0 & 0 & 0 & 0 & 0 \end{bmatrix}$

此列階梯形矩陣有 2 個非零列（此 2 列線性獨立），所以其 rank = 2。

(2) 因為列的秩等於行的秩，可以利用 A^T 來求其秩

$\begin{bmatrix} 1 & 2 & -2 & -1 \\ 2 & 1 & -1 & 4 \\ -3 & 0 & 3 & -2 \end{bmatrix} \Rightarrow \begin{bmatrix} 1 & 2 & -2 & -1 \\ 0 & -3 & 3 & 6 \\ 0 & 0 & 3 & 7 \end{bmatrix}$

此列階梯形矩陣有 3 個非零列（此 3 列線性獨立），所以其 rank = 3。

(3) 因為列的秩等於行的秩，可以利用 A^T 來求其秩

$\begin{bmatrix} 1 & 0 & 5 & -2 \\ 3 & -2 & -1 & 3 \end{bmatrix}$

此列階梯形矩陣有 2 個非零列，所以其 rank = 2。

例 4 請問向量 $\vec{u} = [1, 2, 3, 4]$、$\vec{v} = [2, 5, -1, 1]$、$\vec{w} = [1, 2, 7, 4]$ 是線性相依？還是線性獨立？

做法 利用「呈列階梯形矩陣的所有非零列是線性獨立的」來解

解

$$\begin{bmatrix} 1 & 2 & 3 & 4 \\ 2 & 5 & -1 & 1 \\ 1 & 2 & 7 & 4 \end{bmatrix} \Rightarrow \begin{matrix} L_2 \to -2L_1 + L_2 \\ L_3 \to -L_1 + L_3 \end{matrix} \Rightarrow \begin{bmatrix} 1 & 2 & 3 & 4 \\ 0 & 1 & -7 & -7 \\ 0 & 0 & 4 & 0 \end{bmatrix}$$

因它有 3 個獨立列向量，所以此三個向量是線性獨立（其 rank = 3）。

註：也可以用本章的例 1、例 2 方法解之

例 5 請問向量 $\vec{u} = [1, 2, 3, 4]$、$\vec{v} = [2, 3, 2, 1]$、$\vec{w} = [5, 6, -1, -8]$ 是線性相依？還是線性獨立？

做法 利用「呈列階梯形矩陣的所有非零列是線性獨立的」來解

解

$$\begin{bmatrix} 1 & 2 & 3 & 4 \\ 2 & 3 & 2 & 1 \\ 5 & 6 & -1 & -8 \end{bmatrix} \Rightarrow \begin{matrix} L_2 \to -2L_1 + L_2 \\ L_3 \to -5L_1 + L_3 \end{matrix} \Rightarrow \begin{bmatrix} 1 & 2 & 3 & 4 \\ 0 & -1 & -4 & -7 \\ 0 & -4 & -16 & -28 \end{bmatrix}$$

$$\Rightarrow L_3 \to -4L_2 + L_3 \Rightarrow \begin{bmatrix} 1 & 2 & 3 & 4 \\ 0 & -1 & -4 & -7 \\ 0 & 0 & 0 & 0 \end{bmatrix}$$

(1) 因它只有 2 個獨立列向量，因此這三個向量是線性相依（其 rank = 2）；

(2) 前二個向量是線性獨立，第三個向量是前二個向量的線性組合。

註：也可以用本章的例 1、例 2 方法解之

5.2 維度與基底

4.【維度與基底】(1) 在向量空間 V 內，若最多可以有 n 個線性獨立的向量 $\vec{v}_1, \vec{v}_2, \cdots, \vec{v}_n$ 存在，則此向量空間 V 就是有 n 個維度（Dimension），寫成 $\dim V = n$，而這 n 個線性獨立的向量 $\vec{v}_1, \vec{v}_2, \cdots, \vec{v}_n$ 就稱爲 V 的基底（Basis）；
   (2) 向量空間內，可以有很多組不同的向量所組成的基底，且每個基底的向量個數要相同。

5.【常用基底】(1) 二維空間常用的基底是 $\vec{e}_1 = [1, 0]$、$\vec{e}_2 = [0, 1]$；
   (2) 三維空間常用的基底是 $\vec{e}_1 = [1, 0, 0]$、$\vec{e}_2 = [0, 1, 0]$、$\vec{e}_3 = [0, 0, 1]$，此基底稱爲標準基底；
   (3) 任何向量都可以用它的基底來表示；
   (4) 例如：向量 $[2, 3, 4] = 2\vec{e}_1 + 3\vec{e}_2 + 4\vec{e}_3$。

6.【向量空間的推廣】如上章所述，向量空間也可以推廣到矩陣和多項式。
   (a) 一個多項式，如 $ax^2 + bx + c$（以二次多項式爲例），其基本基底爲 $\{x^2, x, 1\}$，它的維度是 3。
   (b) 一個矩陣，如 $\begin{bmatrix} a & b \\ c & d \end{bmatrix}$（以 2×2 矩陣爲例），其基本基底爲 $\{\begin{bmatrix} 1 & 0 \\ 0 & 0 \end{bmatrix}$、$\begin{bmatrix} 0 & 1 \\ 0 & 0 \end{bmatrix}$、$\begin{bmatrix} 0 & 0 \\ 1 & 0 \end{bmatrix}$、$\begin{bmatrix} 0 & 0 \\ 0 & 1 \end{bmatrix}\}$，它的維度是 4。

7.【基底性質】若向量空間 V 有 n 個維度，則
   (1) 任何 n 個線性獨立的向量均是它的基底；
   (2) 任何 $n+1$ 個向量，均是線性相依；
   (3) 任何一向量 $\vec{u} \in V$，都可以表示成基底的線性組合；
   (4) n 個線性獨立的向量所構成的矩陣，其秩（rank）爲 n。

例 6 請將三維向量 $[a, b, c]$，用標準基底 $\vec{e}_1=[1, 0, 0]$、$\vec{e}_2=[0, 1, 0]$、$\vec{e}_3=[0, 0, 1]$ 表示

做法 將向量 $[a, b, c]$ 以 $\vec{e}_1, \vec{e}_2, \vec{e}_3$ 表示

解 $[a, b, c]=a[1,0,0]+b[0,1,0]+c[0,0,1]=a\vec{e}_1+b\vec{e}_2+c\vec{e}_3$

例 7 (1) 證明三向量 $\vec{f}_1=[1, 1, 0]$、$\vec{f}_2=[0, 1, 1]$、$\vec{f}_3=[1, 1, 1]$ 線性獨立

(2) 將向量 $\vec{r}=[1, 4, 2]$，用 $\vec{f}_1$、$\vec{f}_2$、$\vec{f}_3$ 表示之

解 (1) 化成列階梯形矩陣

$$\begin{bmatrix} 1 & 1 & 0 \\ 0 & 1 & 1 \\ 1 & 1 & 1 \end{bmatrix} \Rightarrow L_3 \to -L_1+L_3 \Rightarrow \begin{bmatrix} 1 & 1 & 0 \\ 0 & 1 & 1 \\ 0 & 0 & 1 \end{bmatrix}$$

因它有 3 個獨立列向量，因此這三個向量是線性獨立（其 rank = 3）。

另解 若此矩陣行列式不為 0，則此三向量是線性獨立

(2) 令 $\vec{r}=a\cdot\vec{f}_1+b\cdot\vec{f}_2+c\cdot\vec{f}_3$

$$[1, 4, 2]=a\cdot[1, 1, 0]+b\cdot[0, 1, 1]+c\cdot[1, 1, 1]$$
$$=[a+c, a+b+c, b+c]$$

$$\begin{cases} a+c=1 \\ a+b+c=4 \\ b+c=2 \end{cases} \Rightarrow a=2，b=3，c=-1$$

所以 $\vec{r}=2\cdot\vec{f}_1+3\cdot\vec{f}_2-\vec{f}_3=[2, 3, -1]_f$

（註：(1) 向量 $\vec{r}$ 是以 $\vec{e}_1, \vec{e}_2, \vec{e}_3$ 為基底的向量，若它以基底 $\vec{f}_1$、$\vec{f}_2$、$\vec{f}_3$ 表示，則為 $[2, 3, -1]_f$

(2) 以 $\{\vec{f}_i\}$ 為基底的向量，其右下角要寫出 f，即 $[2, 3, -1]_f$，而以標準基底 $\{\vec{e}_i\}$ 為基底的向量，則可寫也可沒寫，即 $[1, 4, 2]=[1, 4, 2]_e$）

例 8 下列的向量是否是 R^3 的基底？

(1) [1, 1, 1], [1, –1, 5]

(2) [1, 2, 3], [1, 0, –1], [3, –1, 0], [2, 1, –2]

(3) [1, 1, 1], [1, 2, 3], [2, –1, 1]

(4) [1, 1, 2], [1, 2, 5], [5, 3, 4]

解 (1) 和 (2) 都不是，因 R^3 的基底必須要剛好有三個向量

(3) 用列基本運算來解

$$\begin{bmatrix} 1 & 1 & 1 \\ 1 & 2 & 3 \\ 2 & -1 & 1 \end{bmatrix} \Rightarrow \begin{bmatrix} 1 & 1 & 1 \\ 0 & 1 & 2 \\ 0 & -3 & -1 \end{bmatrix} \Rightarrow \begin{bmatrix} 1 & 1 & 1 \\ 0 & 1 & 2 \\ 0 & 0 & 5 \end{bmatrix}$$

其 rank 等於 3，因此這三個向量是線性獨立，所以是 R^3 的基底

另解 $$\begin{vmatrix} 1 & 1 & 1 \\ 1 & 2 & 3 \\ 2 & -1 & 1 \end{vmatrix} = 2+6-1-4-1+3 = 5 \neq 0$$

此行列式不為 0，所以是 R^3 的基底

(4) $$\begin{vmatrix} 1 & 1 & 2 \\ 1 & 2 & 5 \\ 5 & 3 & 4 \end{vmatrix} = 8+25+6-20-15-4 = 0$$

此行列式為 0，所以不是 R^3 的基底

例 9 設 W 是由向量 [1, –2, 5, –3], [2, 3, 1, –4], [3, 8, –3, –5] 所產生的 R^4 子空間〔或稱爲由 W 所生成（span）〕，(1) 求 W 的一組基底及其維度？(2) 將 W 的基底延伸到整個 R^4 空間？

解 (1) 註：用列基本運算來解，非零的列即為基底（線性獨立）

$$\begin{bmatrix}1 & -2 & 5 & -3\\2 & 3 & 1 & -4\\3 & 8 & -3 & -5\end{bmatrix}\Rightarrow\begin{bmatrix}1 & -2 & 5 & -3\\0 & 7 & -9 & 2\\0 & 14 & -18 & 4\end{bmatrix}\Rightarrow\begin{bmatrix}1 & -2 & 5 & -3\\0 & 7 & -9 & 2\\0 & 0 & 0 & 0\end{bmatrix}$$

其 rank 等於 2，W 的列空間基底有 2 個，是 [1, –2, 5, –3] 和 [2, 3, 1, –4]（或 [1, –2, 5, –3] 和 [0, 7, –9, 2]），其 $\dim W = 2$

註：因 W 只有 2 個基底向量，它只能產生部分的 R^4 空間，稱為 R^4 的子空間。

(2) 整個 R^4 空間基底要有四個向量，而目前只有二個向量，要再找二個線性獨立的向量，因 [0, 0, 1, 0] 和 [0, 0, 0, 1] 這二個向量與 [1, –2, 5, –3] 和 [2, 3, 1, –4] 線性獨立，加入 [0, 0, 1, 0] 和 [0, 0, 0, 1] 可將 W 的基底延伸到整個 R^4 空間。

例 10 設 W 是由多項式

$v_1 = t^3 - 2t^2 + 4t + 1$、$v_2 = t^3 + 6t - 5$、

$v_3 = 2t^3 - 3t^2 + 9t - 1$、$v_4 = 2t^3 - 5t^2 + 7t + 5$

所產生的子空間，求 W 的基底和維度？

解 (1) 將多項式的係數表示成向量

$[\vec{v}_1] = [1, -2, 4, 1]$、$[\vec{v}_2] = [1, 0, 6, -5]$、

$[\vec{v}_3] = [2, -3, 9, -1]$、$[\vec{v}_4] = [2, -5, 7, 5]$

(2) 再用列基本運算來解

$$\begin{bmatrix}1 & -2 & 4 & 1\\1 & 0 & 6 & -5\\2 & -3 & 9 & -1\\2 & -5 & 7 & 5\end{bmatrix}\Rightarrow\begin{bmatrix}1 & -2 & 4 & 1\\0 & 2 & 2 & -6\\0 & 1 & 1 & -3\\0 & -1 & -1 & 3\end{bmatrix}\Rightarrow\begin{bmatrix}1 & -2 & 4 & 1\\0 & 1 & 1 & -3\\0 & 0 & 0 & 0\\0 & 0 & 0 & 0\end{bmatrix}$$

(3) 此矩陣非零列是 [1, –2, 4, 1] 和 [1, 0, 6, –5]，
其所對應的多項式 $v_1 = t^3 - 2t^2 + 4t + 1$、$v_2 = t^3 + 6t - 5$ 為 W 的基底

(4) 其維度 = 2

例 11 求方程組
$x + 2y + 2z - s + 3t = 0$、$x + 2y + 3z + s + t = 0$、
$3x + 6y + 8z + s + 5t = 0$
所產生的解空間 W 的基底和維度？

解 (1) 用列基本運算來解

$$\begin{bmatrix} 1 & 2 & 2 & -1 & 3 \\ 1 & 2 & 3 & 1 & 1 \\ 3 & 6 & 8 & 1 & 5 \end{bmatrix} \Rightarrow \begin{bmatrix} 1 & 2 & 2 & -1 & 3 \\ 0 & 0 & 1 & 2 & -2 \\ 0 & 0 & 2 & 4 & -4 \end{bmatrix} \Rightarrow \begin{bmatrix} 1 & 2 & 2 & -1 & 3 \\ 0 & 0 & 1 & 2 & -2 \\ 0 & 0 & 0 & 0 & 0 \end{bmatrix}$$

其所產生的解空間 W 的基底 $x + 2y + 2z - s + 3t = 0$ 和 $x + 2y + 3z + s + t = 0$，

(2) 其維度 = 2

5.3 矩陣的零空間

註：1. 本節向量以行向量（column vector）表示
2. 本節的內容與第 6.2 節有相類似處，只是本節討論的主題是矩陣，而第 6.2 節討論的主題是函數（線性映射）

8.【零空間】設矩陣 A 是場 R 內的任意 $m \times n$ 矩陣，即

$$A = \begin{bmatrix} a_{11} & a_{12} & \cdots & a_{1n} \\ a_{21} & a_{22} & \cdots & a_{2n} \\ \cdots & \cdots & \cdots & \cdots \\ a_{m1} & a_{m2} & \cdots & a_{mn} \end{bmatrix},$$

則線性齊次方程組 $A\vec{x}=\vec{0}$ 的所有 $\vec{x}$ 的解所成的集合（也就是解爲 $\vec{0}$ 的所有 $\vec{x}$），稱爲零空間（Null space），簡稱爲 N(A)，也稱爲核（Kernel）。

9.【解空間】矩陣 A 的零空間也稱爲 $A\vec{x}=\vec{0}$ 的解空間（Solution space）

■ 做法：要求矩陣 A 的零空間（或 $N(A)$ 或核）時，是要求 $A\vec{x}=\vec{0}$ 的 $\vec{x}$ 所有的解集合

10.【核維度】矩陣 A 的零空間維度，稱爲核維度（Nullity）

11.【零空間、零空間基底、矩陣 A 的維度、秩、核維度】

設 A 爲 $m\times n$ 矩陣，則下列名詞的值爲（見例 12、例 13）：

(1) 零空間：是 $A\vec{x}=\vec{0}$ 的 $\vec{x}$ 解集合（即第 1.2、1.3 節線性齊次方程組的 $\vec{x}$ 解集合）；

(2) 零空間基底：在零空間的 $\vec{x}$ 解集合中，自由變數後面的向量，這些向量均線性獨立，是組成零空間的基底；

(3) 矩陣 A 的維度（dim）：矩陣 A 的維度是 $m\times n$ 矩陣的 n 值，也就是向量 $\vec{x}$ 的維度，即 $\dim(A)=\dim(\vec{x})$；

(4) 矩陣 A 的秩（rank）：矩陣 A 用列基本運算化簡成列階梯形矩陣後，其非 0 列向量個數爲其秩（rank），以 rank(A) 表示之；

(5) 核維度（nullity）：又稱爲零空間維度，以 nulliy(A) 表示之。

(a) 它是零空間基底的個數（或是自由變數的個數）；

> (b) 矩陣 A 的「秩值（rank(A)）」加上核維度值（nullity(A)）等於矩陣 A 的維度（dim(A)），也就是 rank(A) + nullity(A) = dim(A)。

例 12 設矩陣 $A=\begin{bmatrix}2 & 3 & 5\\ -4 & 2 & 3\end{bmatrix}$，求 $A\vec{x}=\vec{0}$ 的 (1) 零空間（或稱爲核）；(2) 零空間基底；(3)dim(A)；(4)rank(A)；(5)nullity(A)

解 (1) 註：求零空間也就是求 $A\vec{x}=\vec{0}$ 的 $\vec{x}$ 集合

令 $\vec{x}=[x,y,z]^T \Rightarrow A\vec{x}=\vec{0} \Rightarrow \begin{bmatrix}2 & 3 & 5\\ -4 & 2 & 3\end{bmatrix}\begin{bmatrix}x\\ y\\ z\end{bmatrix}=\begin{bmatrix}0\\ 0\end{bmatrix}$

化成列階梯形矩陣來解求出 $\vec{x}$ 的解集合

$$A=\begin{bmatrix}2 & 3 & 5\\ -4 & 2 & 3\end{bmatrix}\Rightarrow\begin{bmatrix}1 & 0 & \frac{1}{16}\\ 0 & 1 & \frac{13}{8}\end{bmatrix}\Rightarrow\begin{bmatrix}1 & 0 & \frac{1}{16}\\ 0 & 1 & \frac{13}{8}\end{bmatrix}\begin{bmatrix}x\\ y\\ z\end{bmatrix}=\vec{0}$$

$$\Rightarrow\begin{cases}x+\frac{1}{16}z=0\\ y+\frac{13}{8}z=0\end{cases}$$

令自由變數 $z=t \Rightarrow x=-\frac{t}{16},\ \ y=-\frac{13t}{8},\ \ t\in R$

$$\begin{bmatrix}x\\ y\\ z\end{bmatrix}=t\begin{bmatrix}\frac{-1}{16}\\ \frac{-13}{8}\\ 1\end{bmatrix}=\frac{t}{16}\begin{bmatrix}-1\\ -26\\ 16\end{bmatrix}$$

所以零空間（$\vec{x}$ 的解集合）為

$$N(A)=\left\{\frac{t}{16}\begin{bmatrix}-1\\-26\\16\end{bmatrix}, t\in R\right\}$$

(2) 註：要求零空間的基底是指 $\vec{x}$ 解集合的自由變數後的向量，有幾個自由變數，就有幾個基底（也就是第 (1) 題的自由變數個數）

零空間基底只有一個 $[-1, -26, 16]^T$

(3) 註：dim(A) 是矩陣 A 的（直）行個數或是 $A\vec{x}=\vec{0}$ 的 $\vec{x}$ 維度

dim(A) = 3（註：矩陣 A 的 2×3 矩陣的 3）；

(4) rank(A) = 2（註：矩陣 A 執行列階梯形矩陣後得到非 0 的列（row）個數）；

(5) nullity(A) = dim(A) – rank(A) = 3 – 2 = 1（或零空間基底的個數，也就是第 (2) 題的基底個數）

例 13 線性方程組 $A\vec{x}=\vec{0}$ 的矩陣 $A=\begin{bmatrix}1 & 4 & 5 & 6 & 9\\3 & -2 & 1 & 4 & -1\\-1 & 0 & -1 & -2 & -1\\2 & 3 & 5 & 7 & 8\end{bmatrix}$，

求 (1) 零空間（或稱爲核）；(2) 零空間基底；(3)dim(A)；(4)rank(A)；(5)nullity(A)

解 (1) 令 $\vec{x}=[x, y, z, u, v]^T$，$x, y, z, u, v\in R$

$$\Rightarrow A\vec{x}=\vec{0}\Rightarrow\begin{bmatrix}1&4&5&6&9\\3&-2&1&4&-1\\-1&0&-1&-2&-1\\2&3&5&7&8\end{bmatrix}\begin{bmatrix}x\\y\\z\\u\\v\end{bmatrix}=\begin{bmatrix}0\\0\\0\\0\end{bmatrix}$$

化成列階梯形矩陣來求出 $\vec{x}$ 的解集合

$$A=\begin{bmatrix}1&4&5&6&9\\3&-2&1&4&-1\\-1&0&-1&-2&-1\\2&3&5&7&8\end{bmatrix}\Rightarrow\begin{bmatrix}1&4&5&6&9\\0&-14&-14&-14&-28\\0&4&4&4&8\\0&-5&-5&-5&-10\end{bmatrix}$$

$$\Rightarrow\begin{bmatrix}1&4&5&6&9\\0&1&1&1&2\\0&0&0&0&0\\0&0&0&0&0\end{bmatrix}\Rightarrow\begin{bmatrix}1&0&1&2&1\\0&1&1&1&2\\0&0&0&0&0\\0&0&0&0&0\end{bmatrix}$$

$\Rightarrow\begin{cases}x+z+2u+v=0\\y+z+u+2v=0\end{cases}$，有三個自由變數 z, u, v

令 $z=r, u=s, v=t$，其中 $r, s, t\in R$

$$\Rightarrow\begin{cases}x=-r-2s-t\\y=-r-s-2t\end{cases}$$

$$\Rightarrow\begin{bmatrix}x\\y\\z\\u\\v\end{bmatrix}=r\begin{bmatrix}-1\\-1\\1\\0\\0\end{bmatrix}+s\begin{bmatrix}-2\\-1\\0\\1\\0\end{bmatrix}+t\begin{bmatrix}-1\\-2\\0\\0\\1\end{bmatrix}$$

所以零空間為 $N(A) = \left\{ \begin{bmatrix} -r-2s-t \\ -r-s-2t \\ r \\ s \\ t \end{bmatrix}, r, s, t \in R \right\}$

(2) 它是求第 (1) 題自由變數 (r, s, t) 後面的向量，零空間基底有三個 $[-1, -1, 1, 0, 0]^T$, $[-2, -1, 0, 1, 0]^T$ 和 $[-1, -2, 0, 0, 1]^T$

(3) $\dim(A) = \dim(\vec{x}) = 5$（註：矩陣 A 的 4×5 矩陣的 5）；

(4) rank $(A) = 2$（註：矩陣 A 執行列階梯形矩陣後得到非 0 的列（row）個數）；

(5) $\text{nullity}(A) = \dim(A) - \text{rank}(A) = 5 - 2 = 3$

〔它是零空間基底的個數或自由變數 (r, s, t) 的個數或 $\dim(A) - \text{rank}(A)$ 值〕

5.4 Gram-Schmitdt 正交過程

12.【基底向量】

(1) 二度空間的二個不共線的向量，可以組成一個二度空間的基底；

(2) 三度空間的三個不共面的向量，可以組成一個三度空間的基底；

(3) n 度空間的 n 個向量的行列式值不爲 0，可以組成一個 n 度空間的基底；

(4) 上面這些基底向量，並不需要互相垂直，但可藉由「Gram-Schmitdt 正交過程」，將這些基底向量轉換成彼此互相垂直的向量。

13.【Gram-Schmitdt 正交過程】設 $V=\{\vec{v}_1,\vec{v}_2,\cdots,\vec{v}_n\}$ 爲向量空間 R^n 的一個基底，利用 Gram-Schmitdt 正交過程，可以將它們轉換成互相垂直向量或稱爲正交向量（Orthogonal Vector）：

■ 設轉換後的向量 $W=\{\vec{w}_1,\vec{w}_2,\cdots,\vec{w}_n\}$，其作法爲：

(1) $\vec{w}_1=\vec{v}_1$

(2) $\vec{w}_2=\vec{v}_2-\dfrac{\vec{v}_2\cdot\vec{w}_1}{\vec{w}_1\cdot\vec{w}_1}\vec{w}_1$

(3) $\vec{w}_3=\vec{v}_3-\dfrac{\vec{v}_3\cdot\vec{w}_1}{\vec{w}_1\cdot\vec{w}_1}\vec{w}_1-\dfrac{\vec{v}_3\cdot\vec{w}_2}{\vec{w}_2\cdot\vec{w}_2}\vec{w}_2$

⋮

(n) $\vec{w}_n=\vec{v}_n-\dfrac{\vec{v}_n\cdot\vec{w}_1}{\vec{w}_1\cdot\vec{w}_1}\vec{w}_1-\dfrac{\vec{v}_n\cdot\vec{w}_2}{\vec{w}_2\cdot\vec{w}_2}\vec{w}_2-\cdots-\dfrac{\vec{v}_n\cdot\vec{w}_{n-1}}{\vec{w}_{n-1}\cdot\vec{w}_{n-1}}\vec{w}_{n-1}$

其中 $\vec{w}_1,\vec{w}_2,\cdots,\vec{w}_n$ 彼此間互相垂直。

14.【標準正交基底】若將上面的 $W=\{\vec{w}_1,\vec{w}_2,\cdots,\vec{w}_n\}$ 內的每個向量除以它自己的長度，即 $\vec{u}_i=\dfrac{\vec{w}_i}{\|\vec{w}_i\|}$，則每個 $\vec{u}_i$ 不僅彼此間互相垂直，而且它們的長度均爲 1，此基底稱爲「標準正交基底（Orthonomal basis）」。

例 14 設 $V=\{\vec{v}_1=[1,1],\ \vec{v}_2=[0,1]\}$ 是向量空間 R^2 的一個基底，利用 Gram-Schmitdt 正交過程，(a) 將它們轉換成互相垂

直的基底（或正交基底，Orthogonal basis）；(b) 將它們轉換成標準正交基底（Orthonomal basis）

解 (a) (1) $\vec{w}_1 = \vec{v}_1 = [1,1]$

$$(2)\ \vec{w}_2 = \vec{v}_2 - \frac{\vec{v}_2 \cdot \vec{w}_1}{\vec{w}_1 \cdot \vec{w}_1}\vec{w}_1 = [0,1] - \frac{[0,1]\cdot[1,1]}{[1,1]\cdot[1,1]}[1,1]$$

$$= [0,1] - \frac{1}{2}[1,1] = \left[\frac{-1}{2}, \frac{1}{2}\right]$$

(b) 註：將 $\vec{w}_i$ 除以其長度 $\|\vec{w}_i\|$

$$\vec{u}_1 = \frac{\vec{w}_1}{\|\vec{w}_1\|} = \frac{[1,1]}{\sqrt{1^2+1^2}} = \left[\frac{1}{\sqrt{2}}, \frac{1}{\sqrt{2}}\right]$$

$$\vec{u}_2 = \frac{\vec{w}_2}{\|\vec{w}_2\|} = \frac{\left[\frac{-1}{2}, \frac{1}{2}\right]}{\sqrt{\left(\frac{-1}{2}\right)^2 + \left(\frac{1}{2}\right)^2}} = \left[\frac{-1}{\sqrt{2}}, \frac{1}{\sqrt{2}}\right]$$

例 15 設 $V = \{\vec{v}_1 = [1,1,1], \vec{v}_2 = [0,1,1], \vec{v}_3 = [0,0,1]\}$ 是向量空間 R^3 的一個基底，利用 Gram-Schmitdt 正交過程，(a) 將它們轉換成互相垂直的基底（或正交基底，Orthogonal basis）；(b) 將它們轉換成標準正交基底（Orthonomal basis）

解 (a) (1) $\vec{w}_1 = \vec{v}_1 = [1,1,1]$

$$(2)\ \vec{w}_2 = \vec{v}_2 - \frac{\vec{v}_2 \cdot \vec{w}_1}{\vec{w}_1 \cdot \vec{w}_1}\vec{w}_1 = [0,1,1] - \frac{[0,1,1]\cdot[1,1,1]}{[1,1,1]\cdot[1,1,1]}[1,1,1]$$

$$= [0,1,1] - \frac{2}{3}[1,1,1] = \left[\frac{-2}{3}, \frac{1}{3}, \frac{1}{3}\right]$$

$$(3)\ \vec{w}_3 = \vec{v}_3 - \frac{\vec{v}_3 \cdot \vec{w}_1}{\vec{w}_1 \cdot \vec{w}_1}\vec{w}_1 - \frac{\vec{v}_3 \cdot \vec{w}_2}{\vec{w}_2 \cdot \vec{w}_2}\vec{w}_2$$

$$=[0,0,1]-\frac{[0,0,1]\cdot[1,1,1]}{[1,1,1]\cdot[1,1,1]}[1,1,1]$$

$$-\frac{[0,0,1]\cdot\left[\frac{-2}{3},\frac{1}{3},\frac{1}{3}\right]}{\left[\frac{-2}{3},\frac{1}{3},\frac{1}{3}\right]\cdot\left[\frac{-2}{3},\frac{1}{3},\frac{1}{3}\right]}\left[\frac{-2}{3},\frac{1}{3},\frac{1}{3}\right]$$

$$=[0,0,1]-\frac{1}{3}[1,1,1]-\frac{\frac{1}{3}}{\frac{6}{9}}\left[\frac{-2}{3},\frac{1}{3},\frac{1}{3}\right]$$

$$=[0,0,1]-\left[\frac{1}{3},\frac{1}{3},\frac{1}{3}\right]-\frac{1}{2}\left[\frac{-2}{3},\frac{1}{3},\frac{1}{3}\right]$$

$$=[0,0,1]-\left[\frac{1}{3},\frac{1}{3},\frac{1}{3}\right]-\left[\frac{-2}{6},\frac{1}{6},\frac{1}{6}\right]=\left[0,\frac{-1}{2},\frac{1}{2}\right]$$

(b) 註：將 $\vec{w}_i$ 除以其長度 $\|\vec{w}_i\|$

$$\vec{u}_1=\frac{\vec{w}_1}{\|\vec{w}_1\|}=\frac{[1,1,1]}{\sqrt{1^2+1^2+1^2}}=\left[\frac{1}{\sqrt{3}},\frac{1}{\sqrt{3}},\frac{1}{\sqrt{3}}\right]$$

$$\vec{u}_2=\frac{\vec{w}_2}{\|\vec{w}_2\|}=\frac{\left[\frac{-2}{3},\frac{1}{3},\frac{1}{3}\right]}{\sqrt{\left(\frac{-2}{3}\right)^2+\left(\frac{1}{3}\right)^2+\left(\frac{1}{3}\right)^2}}=\left[\frac{-2}{\sqrt{6}},\frac{1}{\sqrt{6}},\frac{1}{\sqrt{6}}\right]$$

$$\vec{u}_3=\frac{\vec{w}_3}{\|\vec{w}_3\|}=\frac{\left[0,\frac{-1}{2},\frac{1}{2}\right]}{\sqrt{(0)^2+\left(\frac{-1}{2}\right)^2+\left(\frac{1}{2}\right)^2}}=\left[0,\frac{-1}{\sqrt{2}},\frac{1}{\sqrt{2}}\right]$$

5.5 QR 分解

（註：本節向量以列向量表示）

15.【何謂 QR 分解】(1) 在線性代數中，矩陣的 QR 分解（QR decomposition 也稱爲 QR factorization）是將矩陣 A 分解成正交矩陣 Q 和上三角形矩陣 R 的乘積，即 $A=QR$。

(2) 任何方陣 A 可以被分解爲 $A=QR$，其中 Q 是標準正交矩陣（其列是單位向量且彼此間垂直，意味著 $Q^TQ=QQ^T=I$），R 是上三角形矩陣。

(3) 有幾種方法可求出 QR 分解，例如：Gram-Schmidt 過程，Householder 變換或 Givens 旋轉。本節將介紹利用 Gram-Schmidt 過程來求 QR 分解

16.【QR 分解作法】設矩陣 $A=[\vec{v}_1^T,\vec{v}_2^T,\cdots,\vec{v}_n^T]$（註：向量爲列向量，此處要加一個 T 變成行向量），

(1) 利用上節的 Gram-Schmidt 過程，將它們轉換成互相垂直的基底（Orthogonal basis）：$\vec{w}_1,\vec{w}_2,\cdots,\vec{w}_n$；

(2) 再將 $\vec{w}_i$ 向量除以它自己的長度，將它們轉換成標準正交基底（Orthonomal basis）：$\vec{u}_1,\vec{u}_2,\cdots,\vec{u}_n$，也就是此處的 Q 矩陣；

(3) Q 矩陣爲 $Q=[\vec{u}_1^T,\vec{u}_2^T,\cdots,\vec{u}_n^T]$；

(4) R 矩陣則爲 $R=\begin{bmatrix} \vec{u}_1\cdot\vec{v}_1 & \vec{u}_1\cdot\vec{v}_2 & \vec{u}_1\cdot\vec{v}_3 & \cdots \\ 0 & \vec{u}_2\cdot\vec{v}_2 & \vec{u}_2\cdot\vec{v}_3 & \cdots \\ 0 & 0 & \vec{u}_3\cdot\vec{v}_3 & \cdots \\ \vdots & \vdots & \vdots & \ddots \end{bmatrix}$

即矩陣第 (i, j) 個元素是 $\vec{u}_i$ 和 $\vec{v}_j$ 的內積值，也就是（橫）列是 $\vec{u}_i$，（直）行是 $\vec{v}_j$ 的內積值；

(5) 方陣 A 可以被分解爲 $A=QR$。

例 16 利用上面例 14 的結果，將向量 V 分解成 Q 和 R 二向量

解 $V=\{\vec{v}_1=[1,1],\vec{v}_2=[0,1]\}$

此題的矩陣 $A=[\vec{v}_1^T,\vec{v}_2^T]=\begin{bmatrix}1&0\\1&1\end{bmatrix}$

因 $\vec{u}_1=\left[\frac{1}{\sqrt{2}},\frac{1}{\sqrt{2}}\right]$，$\vec{u}_2=\left[\frac{-1}{\sqrt{2}},\frac{1}{\sqrt{2}}\right]$

(1) Q 矩陣為 $Q=[\vec{u}_1^T,\vec{u}_2^T]=\begin{bmatrix}\frac{1}{\sqrt{2}}&\frac{-1}{\sqrt{2}}\\\frac{1}{\sqrt{2}}&\frac{1}{\sqrt{2}}\end{bmatrix}$

(2) $R=\begin{bmatrix}\vec{u}_1\cdot\vec{v}_1&\vec{u}_1\cdot\vec{v}_2\\0&\vec{u}_2\cdot\vec{v}_2\end{bmatrix}=\begin{bmatrix}\frac{1}{\sqrt{2}}\cdot1+\frac{1}{\sqrt{2}}\cdot1&\frac{1}{\sqrt{2}}\cdot0+\frac{1}{\sqrt{2}}\cdot1\\0&\frac{-1}{\sqrt{2}}\cdot0+\frac{1}{\sqrt{2}}\cdot1\end{bmatrix}$

$=\begin{bmatrix}\sqrt{2}&\frac{\sqrt{2}}{2}\\0&\frac{\sqrt{2}}{2}\end{bmatrix}$

(3) 驗算：$QR=\begin{bmatrix}\frac{1}{\sqrt{2}}&\frac{-1}{\sqrt{2}}\\\frac{1}{\sqrt{2}}&\frac{1}{\sqrt{2}}\end{bmatrix}\begin{bmatrix}\sqrt{2}&\frac{\sqrt{2}}{2}\\0&\frac{\sqrt{2}}{2}\end{bmatrix}=\begin{bmatrix}1&0\\1&1\end{bmatrix}=V=[\vec{v}_1^T,\vec{v}_2^T]$

例 17 利用上面例 15 的結果，將向量 V 分解成 Q 和 R 二向量

解 $V=\{\vec{v}_1=[1,1,1],\vec{v}_2=[0,1,1],\vec{v}_3=[0,0,1]\}$

此題的矩陣 $A=[\vec{v}_1^T,\vec{v}_2^T,\vec{v}_3^T]=\begin{bmatrix}1&0&0\\1&1&0\\1&1&1\end{bmatrix}$

因 $\vec{u}_1=\left[\frac{1}{\sqrt{3}},\frac{1}{\sqrt{3}},\frac{1}{\sqrt{3}}\right]$、$\vec{u}_2=\left[\frac{-2}{\sqrt{6}},\frac{1}{\sqrt{6}},\frac{1}{\sqrt{6}}\right]$、

$$\vec{u}_3=\left[0,\frac{-1}{\sqrt{2}},\frac{1}{\sqrt{2}}\right]$$

(1) Q 矩陣為 $Q=[\vec{u}_1^T,\vec{u}_2^T,\vec{u}_3^T]=\begin{bmatrix}\frac{1}{\sqrt{3}} & \frac{-2}{\sqrt{6}} & 0\\ \frac{1}{\sqrt{3}} & \frac{1}{\sqrt{6}} & \frac{-1}{\sqrt{2}}\\ \frac{1}{\sqrt{3}} & \frac{1}{\sqrt{6}} & \frac{1}{\sqrt{2}}\end{bmatrix}$

(2) R 矩陣則為 $R=\begin{bmatrix}\vec{u}_1\cdot\vec{v}_1 & \vec{u}_1\cdot\vec{v}_2 & \vec{u}_1\cdot\vec{v}_3\\ 0 & \vec{u}_2\cdot\vec{v}_2 & \vec{u}_2\cdot\vec{v}_3\\ 0 & 0 & \vec{u}_3\cdot\vec{v}_3\end{bmatrix}$

$$=\begin{bmatrix}\frac{1}{\sqrt{3}}\cdot 1+\frac{1}{\sqrt{3}}\cdot 1+\frac{1}{\sqrt{3}}\cdot 1 & \frac{1}{\sqrt{3}}\cdot 0+\frac{1}{\sqrt{3}}\cdot 1+\frac{1}{\sqrt{3}}\cdot 1 & \frac{1}{\sqrt{3}}\cdot 0+\frac{1}{\sqrt{3}}\cdot 0+\frac{1}{\sqrt{3}}\cdot 1\\ 0 & \frac{-2}{\sqrt{6}}\cdot 0+\frac{1}{\sqrt{6}}\cdot 1+\frac{1}{\sqrt{6}}\cdot 1 & \frac{-2}{\sqrt{6}}\cdot 0+\frac{1}{\sqrt{6}}\cdot 0+\frac{1}{\sqrt{6}}\cdot 1\\ 0 & 0 & 0\cdot 0+\frac{-1}{\sqrt{2}}\cdot 0+\frac{1}{\sqrt{2}}\cdot 1\end{bmatrix}$$

$$=\begin{bmatrix}\sqrt{3} & \frac{2}{\sqrt{3}} & \frac{1}{\sqrt{3}}\\ 0 & \frac{2}{\sqrt{6}} & \frac{1}{\sqrt{6}}\\ 0 & 0 & \frac{1}{\sqrt{2}}\end{bmatrix}$$

(3) 驗算：$QR=\begin{bmatrix}\frac{1}{\sqrt{3}} & \frac{-2}{\sqrt{6}} & 0\\ \frac{1}{\sqrt{3}} & \frac{1}{\sqrt{6}} & \frac{-1}{\sqrt{2}}\\ \frac{1}{\sqrt{3}} & \frac{1}{\sqrt{6}} & \frac{1}{\sqrt{2}}\end{bmatrix}\begin{bmatrix}\sqrt{3} & \frac{2}{\sqrt{3}} & \frac{1}{\sqrt{3}}\\ 0 & \frac{2}{\sqrt{6}} & \frac{1}{\sqrt{6}}\\ 0 & 0 & \frac{1}{\sqrt{2}}\end{bmatrix}$

$$=\begin{bmatrix}1 & 0 & 0\\ 1 & 1 & 0\\ 1 & 1 & 1\end{bmatrix}=V=[\vec{v}_1^T,\vec{v}_2^T,\vec{v}_3^T]$$

5.6 最小平方解

（註：本節向量以行向量（column vector）表示）

17.【求最小平方解】(1) 平面上有 n（$n > 2$）個點 (x_1, y_1), $(x_2, y_2), \cdots, (x_n, y_n)$，要找出最靠近這些點的最佳直線方程式 $y = ax + b$；或

(2) 平面上有 n（$n > 3$）個點 $(x_1, y_1), (x_2, y_2), \cdots, (x_n, y_n)$，要找出最靠近這些點的最佳拋物線方程式 $y = ax^2 + bx + c$，

(3) 以上的作法均相類似，其為：

(a) 將這 n 個點 (x_i, y_i) 帶入方程式 $y = ax + b$ 內（以直線為例，若是拋物線，則 $y = ax^2 + bx + c$），即

$$ax_1 + b = y_1$$
$$ax_2 + b = y_2$$
$$\vdots$$
$$ax_n + b = y_n$$

其中 a, b 是未知數

(b) 表示成矩陣形式

$$\begin{bmatrix} x_1 & 1 \\ x_2 & 1 \\ \vdots & \vdots \\ x_n & 1 \end{bmatrix} \begin{bmatrix} a \\ b \end{bmatrix} = \begin{bmatrix} y_1 \\ y_2 \\ \vdots \\ y_n \end{bmatrix} \Rightarrow A\vec{x} = \vec{y}\text{，其中 } \vec{x} = \begin{bmatrix} a \\ b \end{bmatrix}$$

(c) 找出最佳 $\vec{x}$ 解，也就是要找出 $\vec{x}$，使得誤差值 $E = \| A\vec{x} - \vec{y} \|^2$ 最小，即（註：底下是公式推導）

$$\frac{\partial E}{\partial \vec{x}} = 0 \Rightarrow \frac{\partial}{\partial \vec{x}} \| A\vec{x} - \vec{y} \|^2 = 0$$

$$\Rightarrow 2(A\vec{x} - \vec{y}) \cdot \frac{\partial (A\vec{x})}{\partial \vec{x}} = 0$$

$\Rightarrow A^T(A\vec{x}-\vec{y})=0$

$\Rightarrow A^T A\vec{x}=A^T\vec{y}$（$A^TA$ 爲一方陣，令 $A^TA=C$）

$\Rightarrow C\vec{x}=A^T\vec{y}$

$\Rightarrow \vec{x}=C^{-1}A^T\vec{y}$ 即爲其解

(4) 所以找出 $A\vec{x}=\vec{y}$ 的最佳 $\vec{x}$ 解的作法爲：

(a) 先找出 $A\vec{x}=\vec{y}$ 的矩陣 A 和向量 $\vec{y}$；

(b) 求出 $C=A^TA$；

(c) 求出 C^{-1}；

(d) 最佳 $\vec{x}$ 解爲：$\vec{x}=C^{-1}A^T\vec{y}$。

例 18 平面上有 4 個點 (0, 0), (1, 1), (2, 1), (1, 2)，請找出通過這些點的最佳直線方程式 $y=ax+b$。

做法 二點可決定一條直線方程式，超過二點則要找出最佳直線方程式

解 (1) 先找出 $A\vec{x}=\vec{y}$ 的矩陣 A 和向量 $\vec{y}$

令 $\vec{x}=[a, b]^T$，將四點帶入直線方程式 $y=ax+b$ 內

點 $(0, 0)\Rightarrow 0\cdot a+b=0$

點 $(1, 1)\Rightarrow 1\cdot a+b=1$

點 $(2, 1)\Rightarrow 2\cdot a+b=1$

點 $(1, 2)\Rightarrow 1\cdot a+b=2$

其中 a, b 是未知數

$$\Rightarrow \begin{bmatrix}0&1\\1&1\\2&1\\1&1\end{bmatrix}\begin{bmatrix}a\\b\end{bmatrix}=\begin{bmatrix}0\\1\\1\\2\end{bmatrix}\Rightarrow A\vec{x}=\vec{y}\text{，即 } A=\begin{bmatrix}0&1\\1&1\\2&1\\1&1\end{bmatrix}\text{，}\vec{y}=\begin{bmatrix}0\\1\\1\\2\end{bmatrix}$$

(2) 求出 $C=A^TA$

$$令\ C=A^TA=\begin{bmatrix}0&1&2&1\\1&1&1&1\end{bmatrix}\begin{bmatrix}0&1\\1&1\\2&1\\1&1\end{bmatrix}=\begin{bmatrix}6&4\\4&4\end{bmatrix}$$

(3) 求出 C^{-1}

$$|C|=\begin{vmatrix}6&4\\4&4\end{vmatrix}=8$$

$$adjC=\begin{bmatrix}4&-4\\-4&6\end{bmatrix}^T=\begin{bmatrix}4&-4\\-4&6\end{bmatrix}$$

$$C^{-1}=\frac{1}{|C|}adjC=\frac{1}{8}\begin{bmatrix}4&-4\\-4&6\end{bmatrix}$$

(4) 最佳 $\vec{x}$ 解為：$\vec{x}=C^{-1}A^T\vec{y}$：

$$\vec{x}=C^{-1}A^T\vec{y}=\frac{1}{8}\begin{bmatrix}4&-4\\-4&6\end{bmatrix}\begin{bmatrix}0&1&2&1\\1&1&1&1\end{bmatrix}\begin{bmatrix}0\\1\\1\\2\end{bmatrix}$$

$$=\frac{1}{8}\begin{bmatrix}-4&0&4&0\\6&2&-2&2\end{bmatrix}\begin{bmatrix}0\\1\\1\\2\end{bmatrix}=\frac{1}{8}\begin{bmatrix}4\\4\end{bmatrix}=\begin{bmatrix}\frac{1}{2}\\\frac{1}{2}\end{bmatrix}=\begin{bmatrix}a\\b\end{bmatrix}$$

所以最佳直線方程式 $y=0.5x+0.5$

例 19 平面上有 4 個點 (0, 0), (1, 1), (2, 3), (–1,1)，請找出通過這些點的最佳拋物線方程式 $y=ax^2+bx+c$。

做法 三點可決定一拋物線方程式，超過三點則要找出最佳拋物線方程式

解 (1) 先找出 $A\vec{x}=\vec{y}$ 的矩陣 A 和向量 $\vec{y}$

令 $\vec{x}=[a, b, c]^T$，將四點帶入拋物線方程式

$y=ax^2+bx+c$ 內

點 $(0, 0) \Rightarrow 0 \cdot a+0 \cdot b+c=0$

點 $(1, 1) \Rightarrow 1 \cdot a+1 \cdot b+c=1$

點 $(2, 3) \Rightarrow 4 \cdot a+2 \cdot b+c=3$

點 $(-1, 1) \Rightarrow 1 \cdot a+(-1)b+c=1$

其中 a, b, c 是未知數

$$\Rightarrow \begin{bmatrix} 0 & 0 & 1 \\ 1 & 1 & 1 \\ 4 & 2 & 1 \\ 1 & -1 & 1 \end{bmatrix} \begin{bmatrix} a \\ b \\ c \end{bmatrix} = \begin{bmatrix} 0 \\ 1 \\ 3 \\ 1 \end{bmatrix} \Rightarrow A\vec{x}=\vec{y}，$$

即 $A=\begin{bmatrix} 0 & 0 & 1 \\ 1 & 1 & 1 \\ 4 & 2 & 1 \\ 1 & -1 & 1 \end{bmatrix}$，$\vec{y}=\begin{bmatrix} 0 \\ 1 \\ 3 \\ 1 \end{bmatrix}$

(2) 求出 $C=A^TA$

$$令\ C=A^TA=\begin{bmatrix} 0 & 1 & 4 & 1 \\ 0 & 1 & 2 & -1 \\ 1 & 1 & 1 & 1 \end{bmatrix} \begin{bmatrix} 0 & 0 & 1 \\ 1 & 1 & 1 \\ 4 & 2 & 1 \\ 1 & -1 & 1 \end{bmatrix} = \begin{bmatrix} 18 & 8 & 6 \\ 8 & 6 & 2 \\ 6 & 2 & 4 \end{bmatrix}$$

$$=2\begin{bmatrix} 9 & 4 & 3 \\ 4 & 3 & 1 \\ 3 & 1 & 2 \end{bmatrix}$$

(3) 求出 C^{-1}

$$|C| = 2^3\begin{vmatrix} 9 & 4 & 3 \\ 4 & 3 & 1 \\ 3 & 1 & 2 \end{vmatrix} = 8(54+12+12-27-32-9) = 80$$

$$adjC = \begin{bmatrix} 20 & -20 & -20 \\ -20 & 36 & 12 \\ -20 & 12 & 44 \end{bmatrix}^T = 4\begin{bmatrix} 5 & -5 & -5 \\ -5 & 9 & 3 \\ -5 & 3 & 11 \end{bmatrix}$$

$$C^{-1} = \frac{1}{|C|}adjC = \frac{4}{80}\begin{bmatrix} 5 & -5 & -5 \\ -5 & 9 & 3 \\ -5 & 3 & 11 \end{bmatrix}$$

$$= \frac{1}{20}\begin{bmatrix} 5 & -5 & -5 \\ -5 & 9 & 3 \\ -5 & 3 & 11 \end{bmatrix}$$

(4) 最佳 $\vec{x}$ 解為：$\vec{x} = C^{-1}A^T\vec{y}$：

$$\vec{x} = C^{-1}A^T\vec{y} = \frac{1}{20}\begin{bmatrix} 5 & -5 & -5 \\ -5 & 9 & 3 \\ -5 & 3 & 11 \end{bmatrix}\begin{bmatrix} 0 & 1 & 4 & 1 \\ 0 & 1 & 2 & -1 \\ 1 & 1 & 1 & 1 \end{bmatrix}\begin{bmatrix} 0 \\ 1 \\ 3 \\ 1 \end{bmatrix}$$

$$= \frac{1}{20}\begin{bmatrix} -5 & -5 & 5 & 5 \\ 3 & 7 & 1 & -11 \\ 11 & 9 & -3 & 3 \end{bmatrix}\begin{bmatrix} 0 \\ 1 \\ 3 \\ 1 \end{bmatrix}$$

$$= \frac{1}{20}\begin{bmatrix} 15 \\ -1 \\ 3 \end{bmatrix} \Rightarrow \begin{bmatrix} a \\ b \\ c \end{bmatrix} = \begin{bmatrix} 0.75 \\ -0.05 \\ 0.15 \end{bmatrix}$$

所以最佳拋物線方程式 $y = 0.75x^2 - 0.05x + 0.15$

例 20 設矩陣 $A=\begin{bmatrix}1&1&0\\2&1&0\\1&2&1\\2&0&2\end{bmatrix}$、$\vec{y}=\begin{bmatrix}1\\0\\1\\2\end{bmatrix}$、$\vec{x}=\begin{bmatrix}x\\y\\z\end{bmatrix}$，求 $A\vec{x}=\vec{y}$ 的最小平方解

解 (1) 先找出 $A\vec{x}=\vec{y}$ 的矩陣 A 和向量 $\vec{y}$

A 和 $\vec{y}$ 已知道

(2) 求出 $C=A^TA$

$$C=A^TA=\begin{bmatrix}1&2&1&2\\1&1&2&0\\0&0&1&2\end{bmatrix}\begin{bmatrix}1&1&0\\2&1&0\\1&2&1\\2&0&2\end{bmatrix}=\begin{bmatrix}10&5&5\\5&6&2\\5&2&5\end{bmatrix}$$

(3) 求出 C^{-1}

$$|C|=\begin{vmatrix}10&5&5\\5&6&2\\5&2&5\end{vmatrix}=5\begin{vmatrix}2&1&1\\5&6&2\\5&2&5\end{vmatrix}=5\cdot17=85$$

$$adjC=\begin{bmatrix}\begin{vmatrix}6&2\\2&5\end{vmatrix}&-\begin{vmatrix}5&5\\2&5\end{vmatrix}&\begin{vmatrix}5&5\\6&2\end{vmatrix}\\-\begin{vmatrix}5&2\\5&5\end{vmatrix}&\begin{vmatrix}10&5\\5&5\end{vmatrix}&-\begin{vmatrix}10&5\\5&2\end{vmatrix}\\\begin{vmatrix}5&6\\5&2\end{vmatrix}&-\begin{vmatrix}10&5\\5&2\end{vmatrix}&\begin{vmatrix}10&5\\5&6\end{vmatrix}\end{bmatrix}^T=\begin{bmatrix}26&-15&-20\\-15&25&5\\-20&5&35\end{bmatrix}$$

$$C^{-1}=\frac{adjC}{|C|}=\frac{1}{85}\begin{bmatrix}26&-15&-20\\-15&25&5\\-20&5&35\end{bmatrix}$$

(4) 最佳 $\vec{x}$ 解為：$\vec{x}=C^{-1}A^T\vec{y}$：

$$\vec{x} = C^{-1}A^T\vec{y} = \frac{1}{85}\begin{bmatrix} 26 & -15 & -20 \\ -15 & 25 & 5 \\ -20 & 5 & 35 \end{bmatrix}\begin{bmatrix} 1 & 2 & 1 & 2 \\ 1 & 1 & 2 & 0 \\ 0 & 0 & 1 & 2 \end{bmatrix}\begin{bmatrix} 1 \\ 0 \\ 1 \\ 2 \end{bmatrix}$$

$$= \frac{1}{85}\begin{bmatrix} 11 & 37 & -24 & 12 \\ 10 & -5 & 40 & -20 \\ -15 & -35 & 25 & 30 \end{bmatrix}\begin{bmatrix} 1 \\ 0 \\ 1 \\ 2 \end{bmatrix}$$

$$= \frac{1}{85}\begin{bmatrix} 11 \\ 10 \\ 70 \end{bmatrix}$$

所以 $x = 11/85$，$y = 10/85$，$z = 70/85$

練習題

1. 下列 $\vec{u}$ 和 $\vec{v}$ 二向量是否爲線性相依

(1) $\vec{u} = [1, 2, 3, 4]$，$\vec{v} = [4, 3, 2, 1]$，答：不是

(2) $\vec{u} = [-1, 6, -12]$，$\vec{v} = [0.5, -3, 6]$，答：是

(3) $\vec{u} = [0, 1]$，$\vec{v} = [0, -3]$，答：是

(4) $\vec{u} = [1, 0, 0]$，$\vec{v} = [0, 0, -3]$，答：不是

(5) $u = \begin{bmatrix} 4 & -2 \\ 0 & -1 \end{bmatrix}$，$v = \begin{bmatrix} -2 & 1 \\ 0 & 0.5 \end{bmatrix}$，答：是

(6) $u = \begin{bmatrix} 1 & 0 \\ 0 & 1 \end{bmatrix}$，$v = \begin{bmatrix} 0 & -1 \\ -1 & 0 \end{bmatrix}$，答：不是

(7) $u = -t^3 + \frac{1}{2}t^2 - 16$，$v = \frac{1}{2}t^3 - \frac{1}{4}t^2 + 8$，答：是

(8) $u = t^3 + 3t + 4$，$v = t^3 + 4t + 3$，答：不是

2. 下列 R^4 的向量是線性相依或線性獨立

(1) [1, 3, –1, 4], [3, 8, –5, 7], [2, 9, 4, 23]，答：線性相依

(2) [1, –2, 4, 1], [2, 1, 0, –3], [3, –6, 1, 4]，答：線性獨立

3. 下列 A, B, C 三矩陣是線性相依或線性獨立

(1) $A=\begin{bmatrix}1 & -2 & 3\\ 2 & 4 & -1\end{bmatrix}$，$B=\begin{bmatrix}1 & -1 & 4\\ 4 & 5 & -2\end{bmatrix}$，$C=\begin{bmatrix}3 & -8 & 7\\ 2 & 10 & -1\end{bmatrix}$，

答：線性相依

(2) $A=\begin{bmatrix}2 & 1 & -1\\ 3 & -2 & 4\end{bmatrix}$，$B=\begin{bmatrix}1 & 1 & -3\\ -2 & 0 & 5\end{bmatrix}$，$C=\begin{bmatrix}4 & -1 & 2\\ 1 & -2 & -3\end{bmatrix}$，

答：線性獨立

4. 下列 u、v 和 w 三多項式是線性相依或線性獨立

(1) $u=t^3-4t^2+2t+3$、$v=t^3+2t^2+4t-1$、

$w=2t^3-t^2-3t+5$，

答：線性獨立

(2) $u=t^3-5t^2-2t+3$、$v=t^3-4t^2-3t+4$、

$w=2t^3-7t^2-7t+9$，

答：線性相依

5. $\vec{u}$、$\vec{v}$ 和 $\vec{w}$ 三向量是線性獨立，請問下列的組合是線性相依或線性獨立

(1) $\vec{u}+\vec{v}-2\vec{w}$、$\vec{u}-\vec{v}-\vec{w}$、$\vec{u}+\vec{w}$，答：線性獨立

(2) $\vec{u}+\vec{v}-3\vec{w}$、$\vec{u}+3\vec{v}-\vec{w}$、$\vec{v}+\vec{w}$，答：線性相依

6. 下列向量是否構成 R^2 的基底

(1) [1, 1]、[3, 1]，答：是

(2) [2, 1]、[1, –1]、[0, 2]，答：不是

(3) [0, 1]、[0, –3]，答：不是

(4) [2, 1]、[–3, 87]，答：是

7. 下列向量是否構成 R^3 的基底

(1) [1, 2, –1]、[0, 3, 1]，答：不是

(2) [2, 4, –3]、[0, 1, 1]、[0, 1, –1]，答：是

(3) [1, 5, –6]、[2, 1, 8]、[3, –1, 4]、[2, 1, 1]，答：不是

(4) [1, 3, –4]、[1, 4, –3]、[2, 3, –11]，答：不是

8. 下列向量構成幾維度 R^4 的子空間 W

(1) [1, 4, –1, 3]、[2, 1, –3, –1]、[0, 2, 1, –5]，

答：$\dim W = 3$

(2) [1, –4, –2, 1]、[1, –3, –1, 2]、[3, –8, –2, 7]，

答：$\dim W = 2$

9. 設 V 是 R 內 2×2 矩陣的空間，W 是由下列矩陣所構成，求 W 的維度

$$\begin{bmatrix} 1 & -5 \\ -4 & 2 \end{bmatrix}、\begin{bmatrix} 1 & 1 \\ -1 & 5 \end{bmatrix}、\begin{bmatrix} 2 & -4 \\ -5 & 7 \end{bmatrix}、\begin{bmatrix} 1 & -7 \\ -5 & 1 \end{bmatrix}$$

答：$\dim W = 2$

10. 設 W 是由下列多項式所構成的空間，求 W 的維度

$u = t^3 + 2t^2 - 2t + 1$、$v = t^3 + 3t^2 - t + 4$、$w = 2t^3 + t^2 - 7t - 7$

答：$\dim W = 2$

11. 求下列齊次方程式的零空間 W 的基底和維度

(1) $\begin{cases} x + 3y + 2z = 0 \\ x + 5y + z = 0 \\ 3x + 5y + 8z = 0 \end{cases}$，

答：基底：{[7, –1, –2]}，$\dim W = 1$

(2) $\begin{cases} x-2y+7z=0 \\ 2x+3y-2z=0 \\ 2x-y+z=0 \end{cases}$，答：基底：無，$\dim W=0$

(3) $\begin{cases} x+4y+2z=0 \\ 2x+y+5z=0 \end{cases}$,

答：基底：{[18, –1, –7]}，dimW = 1

12. 設 V 和 W 是下列 R^4 的子空間

$V=\{(a,b,c,d)\mid b-2c+d=0\}$，

$W=\{(a,b,c,d)\mid a=d, b=2c\}$

求：(1)V 的基底和維度；(2)W 的基底和維度；

(3)$V\cap W$ 的基底和維度；

答：(1) 基底：{[1, 0, 0, 0], [0, 2, 1, 0], [0, –1, 0, 1]}，

$\dim W=3$

(2) 基底：{[1, 0, 0, 1], [0, 2, 1, 0]}，$\dim W=2$

(3) 基底：{[0, 2, 1, 0]}，$\dim W=1$，（註：$V\cap W$ 要同時滿足對 a, b, c, d 的三條件）

13. 設 R^2 的基底是 {[2, 1], [1, –1]}，請將下列的向量以基底向量表示之

(1)[2, 3]，(2)[4, –1]，(3)[3, –3]，(4)[a, b]，

答：(1)[5/3, –4/3]，(2)[1, 2]，(3)[0, 3]，

(4)[$(a+b)/3$, $(a-2b)/3$]，

14. 設一元三次多項式的基底是 $\{1, (1-t), (1-t)^2, (1-t)^3\}$，請將下列的多項式以基底表示之

(1)$2-3t+t^2+2t^3$，(2)$3-2t-t^2$

答：(1)[2, –5, 7, –2]，(2)[0, 4, –1, 0]

15. 設 2×2 矩陣的基底是 $\left\{\begin{bmatrix}1 & -1\\-1 & 2\end{bmatrix},\begin{bmatrix}4 & 1\\1 & 0\end{bmatrix},\begin{bmatrix}3 & -2\\-2 & 1\end{bmatrix}\right\}$，請將下列的矩陣以基底表示之

(1) $\begin{bmatrix}1 & -5\\-5 & 5\end{bmatrix}$，(2) $\begin{bmatrix}1 & 2\\2 & 4\end{bmatrix}$

答：(1)[2, –1, 1]，(2)[3, 1, –2]

16. 有 R^3 二基底，$\{\vec{e}_1=[1,1,1],\vec{e}_2=[0,2,3],\vec{e}_3=[0,2,-1]\}$，$\{\vec{f}_1=[1,1,0],\vec{f}_2=[1,-1,0],\vec{f}_3=[0,0,1]\}$，求 $\vec{v}=[3,5,-2]$ 相對於此二基底 $[\vec{v}_e]$ 和 $[\vec{v}_f]$ 的座標向量

答：$[\vec{v}_e]=[3,-1,2]$，$[\vec{v}_f]=[4,-1,-2]$

17. 求下列矩陣的秩

(1) $\begin{bmatrix}1 & 3 & -2 & 5 & 4\\1 & 4 & 1 & 3 & 5\\1 & 4 & 2 & 4 & 3\\2 & 7 & -3 & 6 & 13\end{bmatrix}$，(2) $\begin{bmatrix}1 & 2 & -3 & -2 & -3\\1 & 3 & -2 & 0 & -4\\3 & 8 & -7 & -2 & -11\\2 & 1 & -9 & -10 & -3\end{bmatrix}$，

(3) $\begin{bmatrix}1 & 1 & 2\\4 & 5 & 5\\5 & 8 & 1\\-1 & -2 & 2\end{bmatrix}$，(4) $\begin{bmatrix}2 & 1\\3 & -7\\-6 & 1\\5 & -8\end{bmatrix}$

答：(1) 3，(2) 2，(3) 3，(4) 2

18. 設矩陣 $A=\begin{bmatrix}2 & 1\\1 & 1\\2 & 1\end{bmatrix}$，$\vec{b}=[12, 6, 18]$，求

(1) 使用 Gram-Schmidt 過程，將 A 矩陣的（直）行向

量空間轉成互相垂直的基底

(2) 最小平方解

答：(1) $\vec{w}_1 = [2,1,2]$、$\vec{w}_2 = \frac{1}{9}[-1,4,-1]$；(2) $\vec{x} = [9,-3]$

19. 若 $\vec{u} = [u_1, u_2, u_3]$、$\vec{v} = [v_1, v_2, v_3]$，重新定義內積為

$< \vec{u}, \vec{v} >= u_1v_1 + u_2v_2 + 2u_3v_3$

Gram-Schmidt 以此新的內積定義，將 $\vec{v}_1 = [-1, 0, 1]$、$\vec{v}_2 = [1, -1, 0]$、$\vec{v}_3 = [1, 1, -1]$ 三向量變成互相垂直的基底

答：$\vec{w}_1 = [-1,0,1]$ 、 $\vec{w}_2 = [\frac{2}{3}, -1, \frac{1}{3}]$ 、 $\vec{w}_3 = [\frac{2}{5}, \frac{2}{5}, \frac{1}{5}]$

20. 利用 Gram-Schmidt 方法，求下列矩陣（直）行空間的互相垂直的基底

$$A = \begin{bmatrix} 1 & 0 & 2 \\ 0 & 1 & 1 \\ 2 & 1 & 0 \end{bmatrix}$$

答：$\vec{w}_1 = [1,0,2]$ 、 $\vec{w}_2 = [\frac{-2}{5}, 1, \frac{1}{5}]$ 、 $\vec{w}_3 = [\frac{5}{3}, \frac{5}{6}, \frac{-5}{6}]$

21. $A = \begin{bmatrix} 1 & 0 & -1 \\ 1 & 2 & 1 \\ 2 & 1 & 3 \end{bmatrix}$

(1) 求矩陣 A 的 rank

(2) 向量 [1, 1, 2], [0, 2, 1], [–1, 1, 3] 是否可構成 R^3 的一個基底

答：(1)rank = 3；(2) 可以

22. 曲線 $y = C(-1)^x + D(2)^x$ 上的三點 $(x, y) = (0, 0)$、$(1, 4)$、$(2, 6)$，請找出最小平方解

答：$y=-(-1)^x+\frac{5}{3}(2)^x$（註：$C=-1$，$D=\frac{5}{3}$）

23. 求下列四點的最佳拋物線方程式，

(1, 2)、(2, 5)、(3, 7)、(4, 1)

答：$y=\frac{1}{20}(-145+223x-45x^2)$

24. 找出下列四點的最佳直線方程式

(–1, 0), (0, 1), (1, 3), (2, 9)

答：$y=\frac{9}{5}+\frac{29}{10}x$

25. 設矩陣 $A=\begin{bmatrix}1&1\\1&2\\2&2\\1&1\end{bmatrix}$、$\vec{b}=\begin{bmatrix}1\\2\\2\\1\end{bmatrix}$，求 $A\vec{x}=\vec{b}$ 的最佳 $\vec{x}$ 解？

答：$\vec{x}=\begin{bmatrix}0\\1\end{bmatrix}$

26. 設矩陣 $A=\begin{bmatrix}1&2&3\\2&5&4\\1&1&5\end{bmatrix}$，

(1) 求矩陣 A 的列空間，

(2) 求矩陣 A 的 rank

答：(1){[1, 2, 3], [0, 1, –2]}；(2)rank = 2

27. 矩陣 $A=\begin{bmatrix}1&0&0\\1&1&0\\1&1&1\end{bmatrix}$ 是由三個行向量 $\vec{a}_1^T=\begin{bmatrix}1\\1\\1\end{bmatrix}$、$\vec{a}_2^T=\begin{bmatrix}0\\1\\1\end{bmatrix}$、

$\vec{a}_3^T = \begin{bmatrix} 0 \\ 0 \\ 1 \end{bmatrix}$組成，求 A 的 QR 分解

(答) $Q = \begin{bmatrix} \frac{1}{\sqrt{3}} & \frac{-\sqrt{6}}{3} & 0 \\ \frac{1}{\sqrt{3}} & \frac{1}{\sqrt{6}} & \frac{-1}{\sqrt{2}} \\ \frac{1}{\sqrt{3}} & \frac{1}{\sqrt{6}} & \frac{1}{\sqrt{2}} \end{bmatrix}$、$R = \begin{bmatrix} \sqrt{3} & \frac{2}{\sqrt{3}} & \frac{1}{\sqrt{3}} \\ 0 & \frac{\sqrt{6}}{3} & \frac{1}{\sqrt{6}} \\ 0 & 0 & \frac{1}{\sqrt{2}} \end{bmatrix}$

28. 求下列矩陣的 QR 分解

$A = \begin{bmatrix} 1 & 2 & 3 \\ 0 & 1 & 1 \\ 1 & 4 & 6 \end{bmatrix}$

(答) $Q = \begin{bmatrix} \frac{1}{\sqrt{2}} & \frac{-1}{\sqrt{3}} & \frac{-1}{\sqrt{6}} \\ 0 & \frac{1}{\sqrt{3}} & \frac{-2}{\sqrt{6}} \\ \frac{1}{\sqrt{2}} & \frac{1}{\sqrt{3}} & \frac{1}{\sqrt{6}} \end{bmatrix}$、$R = \begin{bmatrix} \sqrt{2} & 3\sqrt{2} & \frac{9}{\sqrt{2}} \\ 0 & \sqrt{3} & \frac{4}{\sqrt{3}} \\ 0 & 0 & \frac{1}{\sqrt{6}} \end{bmatrix}$

29. 設矩陣 $A = \begin{bmatrix} 1 & 5 & 12 \\ 1 & 5 & -2 \\ 1 & -4 & 2 \end{bmatrix}$，求 A 的 Gram-Schmidt QR 分解

答 $Q=\begin{bmatrix}\frac{1}{\sqrt{3}} & \frac{1}{\sqrt{6}} & \frac{1}{\sqrt{2}}\\ \frac{1}{\sqrt{3}} & \frac{1}{\sqrt{6}} & \frac{-1}{\sqrt{2}}\\ \frac{1}{\sqrt{3}} & \frac{-2}{\sqrt{6}} & 0\end{bmatrix}$、$R=\begin{bmatrix}\sqrt{3} & 2\sqrt{3} & 4\sqrt{3}\\ 0 & 3\sqrt{6} & \sqrt{6}\\ 0 & 0 & 7\sqrt{2}\end{bmatrix}$

30. $A=\begin{bmatrix}1 & 3 & 5\\ 1 & 1 & 0\\ 1 & 1 & 2\\ 1 & 3 & 3\end{bmatrix}$

(1) 求矩陣 A 的 rank

(2) 求矩陣 A 的行空間的互相垂直的基底

(3) 求矩陣 A 的 QR 分解

答：(1) rank = 3；

(2) $\vec{u}_1=[1,1,1,1]$ 、$\vec{u}_2=[1,-1,-1,1]$ 、$\vec{u}_3=[1,-1,1,-1]$

(3) $Q=\begin{bmatrix}\frac{1}{2} & \frac{1}{2} & \frac{1}{2}\\ \frac{1}{2} & \frac{-1}{2} & \frac{-1}{2}\\ \frac{1}{2} & \frac{-1}{2} & \frac{1}{2}\\ \frac{1}{2} & \frac{1}{2} & \frac{-1}{2}\end{bmatrix}$，$R=\begin{bmatrix}2 & 4 & 5\\ 0 & 2 & 3\\ 0 & 0 & 2\end{bmatrix}$

31. 找出下列四點的最佳 $y=a_1+a_2u+a_3v$ 方程式

$(u, v, y) = (3, 5, 3), (1, 0, 5), (1, 2, 7), (3, 3, -3)$

答：$y = 10 - 6u + 2v$

32. 求矩陣 $A=\begin{bmatrix}1 & 1 & 1 & 0\\ 2 & 1 & 0 & 1\end{bmatrix}$的零空間 $N(A)$？

答：$N(A)=\left\{\begin{bmatrix}s-t\\ -2s+t\\ s\\ t\end{bmatrix}, s,t\in R\right\}$

33. 下列線性方程組 $A\vec{x}=\vec{0}$，求矩陣 A 的零空間基底

$$\begin{cases}x_1-x_2+x_3-x_4+x_5=0\\ 4x_2-2x_3-x_5=0\\ x_1+3x_2-x_3-x_4=0\\ -x_1-x_2-x_3-x_5=0\end{cases}$$

答：{[3, –1, –2, 2, 0], [–1, 0, –1, 0, 2]}

34. 線性方程組 $\begin{cases}x-3y+z=0\\ 2x-6y+2z=0\\ 3x-9y+3z=0\end{cases}$，求

(1) 求其零空間的基底

(2) 求其零空間的維度（或稱爲核維度）

答：(1) $Ker(A)=\left\{s\begin{bmatrix}3\\1\\0\end{bmatrix}+t\begin{bmatrix}-1\\0\\1\end{bmatrix}, s,t\in R\right\}$

(2) $\dim(\mathrm{Ker}(A))=2$

35. $A=\begin{bmatrix}1&3&5\\1&1&0\\1&1&2\\1&3&3\end{bmatrix}$

(1) 求矩陣 A 的 rank

(2) 求矩陣 A 的 kernel

答：(1)rank = 3；(2)nullity = 0 $\Rightarrow$ ker(A) = {0}

第 6 章　線性映射

6.1　線性映射基礎

1.【函數定義】設 A 和 B 是二集合，對每一個 $a \in A$，都有一個且唯一一個 $b \in B$ 與之對應，若其對應方式為函數 f，則稱 f 是由 A 映射（mapping into）B 的函數且 $f(a) = b$。其中 A 稱為定義域，B 稱為對應域，寫成

$$f: A \to B \text{ 或 } A \xrightarrow{f} B$$

而所有 $f(a)$ 所成的集合，寫成 $f(A)$，稱為函數 f 的值域（或像）。

2.【線性映射定義（一）】設 U 和 V 是場 R 內的二向量空間，若函數 $F: V \to U$ 滿足下列二條件：

(1) 對於任何 $\vec{u}, \vec{v} \in V$，均有 $F(\vec{u}+\vec{v}) = F(\vec{u}) + F(\vec{v})$；

(2) 對於任何 $k \in R$，任何 $\vec{v} \in V$，均有 $F(k\vec{v}) = kF(\vec{v})$

則稱函數 F 是「線性」映射（Linear mapping）或「線性」轉換（Linear transformation）。

3.【線性映射定義（二）】線性映射也可用下列的定義：
對於任何 $a, b \in R$，任何 $\vec{u}, \vec{v} \in V$，均有

$$F(a\vec{u}+b\vec{v}) = aF(\vec{u}) + bF(\vec{v})\text{。}$$

註：(1) 也就是若函數 F 滿足第 2 點的二個條件，或滿足第 3 點的一個條件，就稱為「線性」映射。

(2) 由上可推得 $F(\vec{0}) = \vec{0}$（見例 1），函數必須滿足此一條件，此函數才可能是線性映射。

> (3) 若 $\vec{u}=[x,y]$，則 $F(\vec{u})=F([x,y])$，為了簡化起見且不會產生誤解，本書將函數 F 內的向量 $\vec{u}=[x,y]$，改寫成 $F(\vec{u})=F(x,y)$，省去向量 $[x,y]$ 的中掛號，即 $F(\vec{u})=F([x,y])=F(x,y)$。

例 1 設函數 F 是線性映射，則 $F(\vec{0})=?$

解 上述定義 $F(k\vec{v})=kF(\vec{v})$ 的 k 用 0 代入，即

$F(0\cdot\vec{v})=0\cdot F(\vec{v})$

而 $0\cdot\vec{v}=\vec{0}$ 且 $0\cdot F(\vec{v})=\vec{0}$

$\Rightarrow F(\vec{0})=\vec{0}$

例 2 (1) 設函數 $F: R^3 \to R^3$ 且 $F(x, y, z) = [x, y, 0]$，試問 F 是否為線性映射？

(2) 設函數 $F: R^2 \to R^2$ 且 $F(x, y) = [x + 1, y + 2]$，試問 F 是否為線性映射？

(3) 設函數 $F: V \to U$，對每一個 $\vec{v} \in V$，均映射到 $\vec{0} \in U$，即 $F(\vec{v})=\vec{0}$，試問 F 是否為線性映射？

做法 檢查是否滿足二條件，(a) $F(\vec{u}+\vec{v})=F(\vec{u})+F(\vec{v})$，(b) $F(k\vec{u})=kF(\vec{u})$

解 (1) 令 $\vec{u}=[a_1,b_1,c_1]$、$\vec{v}=[a_2,b_2,c_2]$，則

(a) $F(\vec{u}+\vec{v})=F([a_1+a_2,b_1+b_2,c_1+c_2])=[a_1+a_2,b_1+b_2,0]$

$=[a_1,b_1,0]+[a_2,b_2,0]=F(\vec{u})+F(\vec{v})$

(b) 對任何 $k \in R$

$F(k\vec{u})=F([ka_1,kb_1,kc_1])=[ka_1,kb_1,0]$

$=k[a_1,b_1,0]=kF(\vec{u})$

所以函數 F 是線性映射

(2) 因 $F(\vec{0})=F([0,0])=[1,2]\neq\vec{0}$

零向量沒有映射到零向量，表示它不是線性映射

(3) 對於任何 $k\in R$，任何 $\vec{u},\vec{v}\in V$，

(a) $F(\vec{u}+\vec{v})=\vec{0}$ 且 $F(\vec{u})=\vec{0},F(\vec{v})=\vec{0}\Rightarrow F(\vec{u}+\vec{v})=F(\vec{u})+F(\vec{v})$

(b) $F(k\vec{u})=\vec{0}$ 且 $kF(\vec{u})=k\cdot\vec{0}=\vec{0}\Rightarrow F(k\vec{u})=kF(\vec{u})$

所以函數 F 是線性映射

例 3 設函數 $F:R^2\rightarrow R^2$ 且 $F(x,y)=[x+y,x]$，試問 F 是否爲線性映射？

做法 檢查是否滿足二條件，(a) $F(\vec{u}+\vec{v})=F(\vec{u})+F(\vec{v})$，(b) $F(k\vec{u})=kF(\vec{u})$

解 令 $\vec{u}=[a_1,b_1]$ 、$\vec{v}=[a_2,b_2]$，則

(a) $F(\vec{u}+\vec{v})=F([a_1+a_2,b_1+b_2])=[a_1+a_2+b_1+b_2,a_1+a_2]$

$$=[a_1+b_1,a_1]+[a_2+b_2,a_2]=F(\vec{u})+F(\vec{v})$$

(b) 對任何 $k\in R$

$$F(k\vec{u})=F([ka_1,kb_1])=[ka_1+kb_1,ka_1]$$
$$=k[a_1+b_1,a_1]=kF(\vec{u})$$

所以函數 F 是線性映射

例 4 設函數 $T:R^2\rightarrow R$ 是線性映射，且 $T(1,1)=3$，$T(0,1)=-2$，求 $T([a,b])=$ ？

做法 因已知二向量的映射，要利用它算出映射的通式，其算法爲：

(a) 先將 $[a, b]$ 表成 $[1, 1]$ 和 $[0, 1]$ 的線性組合，

(b) 再算出通式 $T([a, b])$。

解 依照上面的做法其值為

(1) $[a, b] = x[1, 1] + y[0, 1] = [x, x + y]$

$\Rightarrow x = a$、$y = b - a$

$\Rightarrow [a, b] = a[1, 1] + (b - a)[0, 1]$

(2) 通式 $T([a, b]) = T(x[1, 1] + y[0, 1]) = T(a[1, 1] + (b - a)[0, 1])$

$= aT(1, 1) + (b - a)T(0, 1) = 3a - 2(b - a)$

$= 5a - 2b$

例 5 若函數 $g：R^3 \to R^3$ 爲一線性映射，且

$g(1, 1, 0) = [2, 0, 1]$，$g(1, 0, 1) = [2, 1, -1]$，

$g(0, 1, 1) = [2, -1, 0]$，求 $g(5, 3, 0) = ?$

做法 已知三個向量的線性映射，要求第 4 個向量的線性映射時，(a) 要先將第 4 個向量表示成前三個已知向量的線性組合，(b) 再求其線性映射。

解 (a) 設 $[5, 3, 0] = x[1, 1, 0] + y[1, 0, 1] + z[0, 1, 1]$

$= [x + y, x + z, y + z]$

$\Rightarrow x + y = 5, x + z = 3, y + z = 0$（三者相加除以 2）

$\Rightarrow x + y + z = 4$

$\Rightarrow z = -1, y = 1, x = 4$

$\Rightarrow [5, 3, 0] = 4[1, 1, 0] + [1, 0, 1] - [0, 1, 1]$

(b) $g(5, 3, 0) = 4g(1, 1, 0) + g(1, 0, 1) - g(0, 1, 1)$

$= 4[2, 0, 1] + [2, 1, -1] - [2, -1, 0] = [8, 2, 3]$

6.2 線性映射的像與核

註：本節內容和第5.3節有類似處，只是本節處理的是函數(線性映射)，而第 5.3 節處理的是矩陣

4.【線性映射的像與核】設函數 $F: V \to U$ 是線性映射，則

(1) 函數 F 的像（Image）是 F 的值域，表示成 ImF，即

$\mathrm{Im}F = \{\vec{u} \in U \mid 對所有\vec{v} \in V, F(\vec{v}) = \vec{u}\}$

(2) 函數 F 的核（Kernel）是在定義域內的值中，其函數值爲 $\vec{0}$ 者所成的集合，表示成 $KerF$，即

$KerF = \{\vec{v} \in V \mid F(\vec{v}) = \vec{0}\}$

註：(1) 由上知：像 Im$F \subset U$（對應域），核 $KerF \subset V$（定義域）；

(2) 此處的核（Kernel）和第 5 章介紹的矩陣 A 的核，有相同的意思。

例 6 設函數 $F: R^3 \to R^3$ 是線性映射，且 $F(x, y, z) = [x, y, 0]$，試問

(1) F 的像（ImF）？

(2) F 的核（$KerF$）？

做法 利用像的定義和核的定義來解

解 $F(x, y, z) = [x, y, 0]$ 是 xyz 三度空間映射到 xy 平面上，所以

(1) F 的像（ImF，即 F 的值域）是整個 xy 平面，即

$\mathrm{Im}F = \{[a, b, 0] \mid a, b \in R\}$

(2) F 的核（$KerF$，即定義域的函數值是 $\vec{0}$ 者）是 z 軸，
即 $KerF = \{[0, 0, c] \mid c \in R\}$，
因為這些點都會映射到零向量（$= [0, 0, 0]$）

（註：其餘的例子請參閱 5.【秩與核維數】的例子）

5.【秩與核維數】設函數 $F : V \to U$ 是線性映射，則

(1) F 的秩（rank）被定義爲其像（或值域）的維度，即
$\text{rank}(F) = \dim(\text{Im}F)$

(2) F 的核維數（Nullity）被定義爲其核的維度，即
$\text{nullity}(F) = \dim(KerF)$

(3)「像的維度」加上「核的維度」就是「定義域的維度」，即
$$\dim(V) = \dim(KerF) + \dim(\text{Im}F) = \text{nullity}(F) + \text{rank}(F)$$

說明：(1) 欲求函數 F 的秩（以 R^3 爲例），其作法爲：

(a) 先求出三個單位向量的線性映射 $F(1, 0, 0)$、$F(0, 1, 0)$、$F(0, 0, 1)$ 所對應的向量；

(b) 再求出此 3 個向量有幾個線性獨立向量，即爲 F 的秩。

(2) 欲求函數 F 的核維數（Nullity）（以 R^3 爲例），就是要求出 $F(x, y, z) = [0, 0, 0]$ 的線性齊次方程組有幾個自由變數（即 F 的核維度）；或
$\text{nullity}(F) = \dim(V) - \text{rank}(F)$

例 7 設函數 $F: R^4 \to R^3$ 是線性映射，且

$F(x, y, z, w) = [x - y + z + w, x + 2z - w, x + y + 3z - 3w]$，

求：(1) F 的像（ImF）的基底與維度？

(2) F 的核（$KerF$）的基底與維度？

(3) $\dim(KerF) + \dim(\text{Im}F) =$ ？

解 (1) (a) 先求 R^4 的 4 個單位向量的像，即

$F(1, 0, 0, 0) = [1, 1, 1]$

$F(0, 1, 0, 0) = [-1, 0, 1]$

$F(0, 0, 1, 0) = [1, 2, 3]$

$F(0, 0, 0, 1) = [1, -1, -3]$

(b) 將上面四個向量表成矩陣，並用列基本運算化成列階梯形矩陣，不為 0 的列向量即為基底，其個數即為像維度

$$\begin{bmatrix} 1 & 1 & 1 \\ -1 & 0 & 1 \\ 1 & 2 & 3 \\ 1 & -1 & -3 \end{bmatrix} \Rightarrow \begin{bmatrix} 1 & 1 & 1 \\ 0 & 1 & 2 \\ 0 & 1 & 2 \\ 0 & -2 & -4 \end{bmatrix} \Rightarrow \begin{bmatrix} 1 & 1 & 1 \\ 0 & 1 & 2 \\ 0 & 0 & 0 \\ 0 & 0 & 0 \end{bmatrix}$$

所以 F 的像（ImF）的基底為 $\{[1, 1, 1], [0, 1, 2]\}$（或取 $\{[1, 1, 1], [-1, 0, 1]\}$）

像的維度為 $\dim(\text{Im}F) = 2$（也是 rank(F)）

(2) 找出 $F(x, y, z, w) = [x - y + z + w, x + 2z - w, x + y + 3z - 3w] = [0, 0, 0]$ 的 $[x, y, z, w]$ 的集合，即

$$\begin{cases} x - y + z + w = 0 \\ x + 2z - w = 0 \\ x + y + 3z - 3w = 0 \end{cases} \Rightarrow \begin{matrix} L_2 \to L_2 - L_1 \\ L_3 \to L_3 - L_1 \end{matrix} \Rightarrow \begin{cases} x - y + z + w = 0 \\ y + z - 2w = 0 \\ 2y + 2z - 4w = 0 \end{cases}$$

$$\Rightarrow \begin{cases} x-y+z+w=0 \\ y+z-2w=0 \end{cases}$$

它有二個自由變數：z 和 w（表示有二個基底），

所以核的維度 dim ($KerF$) = 2（隨便選取二組 z, w 值），

(a) 設 $z=-1$、$w=0$，得到 [2, 1, –1, 0]

(b) 設 $z=0$、$w=1$，得到 [1, 2, 0, 1]

所以 F 的二個核（$KerF$）的基底為 {[2, 1, –1, 0] [1, 2, 0, 1]}

（註：同第 5.3 節，基底也可以是自由變數後面的向量）

(3) dim ($KerF$) + dim (ImF) = dim (V) = 4

例 8 設函數 F：$R^3 \to R^3$ 是線性映射，且

$F(x, y, z) = [x+2y-z, y+z, x+y-2z]$，

求：(1) F 的像（ImF）的基底與維度？

(2) F 的核（$KerF$）的基底與維度？

解 (1) 同例 7，先求 R^3 的三個單位向量的像，即

$F(1, 0, 0) = [1, 0, 1]$

$F(0, 1, 0) = [2, 1, 1]$

$F(0, 0, 1) = [-1, 1, -2]$

將上面三個向量表成矩陣，並用列基本運算將它簡化成列階梯形矩陣

$$\begin{bmatrix} 1 & 0 & 1 \\ 2 & 1 & 1 \\ -1 & 1 & -2 \end{bmatrix} \Rightarrow \begin{bmatrix} 1 & 0 & 1 \\ 0 & 1 & -1 \\ 0 & 1 & -1 \end{bmatrix} \Rightarrow \begin{bmatrix} 1 & 0 & 1 \\ 0 & 1 & -1 \\ 0 & 0 & 0 \end{bmatrix}$$

所以 F 的像（ImF）的基底為 {[1, 0, 1], [0, 1, –1]}（或取 {[1, 0, 1], [2, 1, 1]}）

像的維度為 dim (ImF) = 2

(2) 找出 $F(x, y, z) = [x + 2y - z, y + z, x + y - 2z] = [0, 0, 0]$ 的 $[x, y, z]$ 的集合，即

$$\begin{cases} x+2y-z=0 \\ y+z=0 \\ x+y-2z=0 \end{cases} \Rightarrow \begin{cases} x+2y-z=0 \\ y+z=0 \\ -y-z=0 \end{cases} \Rightarrow \begin{cases} x+2y-z=0 \\ y+z=0 \end{cases}$$

它有一個自由變數：z（表示有一個基底），

所以核的維度 dim ($KerF$) = 1（隨便找一個 z 值），

設 $z = 1$，得到 $[3, -1, 1]$

所以 F 的一個核（$KerF$）基底為 $\{[3, -1, 1]\}$

（註：同第 5.3 節，基底也可以是自由變數後面的向量）

（註：dim ($KerF$) + dim (ImF) = dim (V) = 3）

例 9 設 V 是 2×2 矩陣的向量空間，且矩陣 $M = \begin{bmatrix} 1 & 2 \\ 0 & 3 \end{bmatrix}$，若函數 $F: V \to V$ 是線性映射，且 $F(A) = AM - MA$，求 F 的核（$KerF$）的基底與維度？

解 (1) 首先要找出 $F\begin{pmatrix} x & y \\ z & w \end{pmatrix} = \begin{bmatrix} 0 & 0 \\ 0 & 0 \end{bmatrix}$ 的 $\begin{bmatrix} x & y \\ z & w \end{bmatrix}$ 集合

$$F\begin{pmatrix} x & y \\ z & w \end{pmatrix} = \begin{bmatrix} x & y \\ z & w \end{bmatrix}\begin{bmatrix} 1 & 2 \\ 0 & 3 \end{bmatrix} - \begin{bmatrix} 1 & 2 \\ 0 & 3 \end{bmatrix}\begin{bmatrix} x & y \\ z & w \end{bmatrix}$$

$$= \begin{bmatrix} x & 2x+3y \\ z & 2z+3w \end{bmatrix} - \begin{bmatrix} x+2z & y+2w \\ 3z & 3w \end{bmatrix}$$

$$= \begin{bmatrix} -2z & 2x+2y-2w \\ -2z & 2z \end{bmatrix} = \begin{bmatrix} 0 & 0 \\ 0 & 0 \end{bmatrix}$$

$$\Rightarrow\begin{cases}2x+2y-2w=0\\2z=0\end{cases}\Rightarrow\begin{cases}x+y-w=0\\z=0\end{cases}$$

它有二個自由變數 y 和 w，所以核維度 $\dim(KerF)=2$

(2) 而核基底為（隨便找二組 y, w 值）

(a) $y=-1$、$w=0$ 代入，解得 $x=1, y=-1, z=0, w=0$

(b) $y=0$、$w=1$ 代入，解得 $x=1, y=0, z=0, w=1$

所以核基底為 $\begin{bmatrix}1 & -1\\0 & 0\end{bmatrix}$ 和 $\begin{bmatrix}1 & 0\\0 & 1\end{bmatrix}$

（註：基底也可以是自由變數後面的向量）

例 10 設函數 $F：R^3\rightarrow R^4$ 是線性映射，且其像有

$F(1, 0, 0)=[1, 2, 0, -4]$、$F(0, 1, 0)=[2, 0, -1, 3]$、

$F(0, 0, 1)=[0, 0, 0, 0]$

求其函數 F 爲何？

做法 同例 4，已知 F 的 3 個向量的線性映射，要利用它們算出通式 $F(x, y, z)$

解 R^3 的標準基底為 $\vec{e}_1=[1, 0, 0]$、$\vec{e}_2=[0, 1, 0]$、$\vec{e}_3=[0, 0, 1]$，

因 $F(\vec{e}_1)=[1,2,0,-4]$、$F(\vec{e}_2)=[2,0,-1,3]$、$F(\vec{e}_3)=[0,0,0,0]$，

所以 $F(x,y,z)=F(x\cdot\vec{e}_1+y\cdot\vec{e}_2+z\cdot\vec{e}_3)=xF(\vec{e}_1)+yF(\vec{e}_2)+zF(\vec{e}_3)$

$$=x[1,2,0,-4]+y[2,0,-1,3]+z[0,0,0,0]$$

$$=[x+2y,2x,-y,-4x+3y]$$

6.3 線性運算子的矩陣表示

6.【線性映射與線性運算子】本章前面介紹的「線性映射」（Linear mapping）和本節將介紹的「線性運算子」（Linear operator）的差別只在：

(1)「線性映射」是函數 $F: V \to U$，其定義域 V 和對應域 U 可以相同，也可以不同；

(2)「線性運算子」是函數 $F: V \to V$，其定義域 V 和對應域 V 必須相同。

7.【線性運算子】設 T 是場 R 內向量空間 V 的線性運算子，而$\{\vec{f_1}, \vec{f_2}, \cdots, \vec{f_n}\}$是 V 的一個基底。若

$$T(\vec{f_1}) = a_{11}\vec{f_1} + a_{12}\vec{f_2} + \cdots + a_{1n}\vec{f_n}$$

$$T(\vec{f_2}) = a_{21}\vec{f_1} + a_{22}\vec{f_2} + \cdots + a_{2n}\vec{f_n}$$

$$\cdots\cdots\cdots\cdots$$

$$T(\vec{f_n}) = a_{n1}\vec{f_1} + a_{n2}\vec{f_2} + \cdots + a_{nn}\vec{f_n}$$

上面係數所組成的矩陣爲

$$\begin{bmatrix} a_{11} & a_{12} & \cdots & a_{1n} \\ a_{21} & a_{22} & \cdots & a_{2n} \\ \cdots & \cdots & \cdots & \cdots \\ a_{n1} & a_{n2} & \cdots & a_{nn} \end{bmatrix},$$

而此係數矩陣的「轉置矩陣」，以 $[T]_f$ 表示，稱爲 T 相對基底 $\{\vec{f_i}\}$ 的係數矩陣的轉置矩陣，其中

$$[T]_f = \begin{bmatrix} a_{11} & a_{12} & \cdots & a_{1n} \\ a_{21} & a_{22} & \cdots & a_{2n} \\ \cdots & \cdots & \cdots & \cdots \\ a_{n1} & a_{n2} & \cdots & a_{nn} \end{bmatrix}^T = \begin{bmatrix} a_{11} & a_{21} & \cdots & a_{n1} \\ a_{12} & a_{22} & \cdots & a_{n2} \\ \cdots & \cdots & \cdots & \cdots \\ a_{1n} & a_{2n} & \cdots & a_{nn} \end{bmatrix}$$

例 11 設 T 是 R^2 內由 $T(x, y) = [2y, 3x - y]$ 所定義的線性運算子，請問 T 相對基底 $\{\vec{e}_1 = [1,0], \vec{e}_2 = [0,1]\}$ 的係數矩陣的轉置矩陣。

做法 (1) 先求出 $T(\vec{e}_1)$ 和 $T(\vec{e}_2)$ 以基底 $\{\vec{e}_i\}$ 表示的值

(2) 再求出 (1) 的係數矩陣的轉置矩陣

解 (1) $T(\vec{e}_1) = T(1,0) = [2 \cdot 0, 3 \cdot 1 - 0] = [0,3] = 0[1,0] + 3[0,1]$

$= 0\vec{e}_1 + 3\vec{e}_2$

$T(\vec{e}_2) = T(0,1) = [2 \cdot 1, 3 \cdot 0 - 1] = [2, -1] = 2[1,0] - 1[0,1]$

$= 2\vec{e}_1 - 1\vec{e}_2$

(2) 所以 $[T]_e = \begin{bmatrix} 0 & 3 \\ 2 & -1 \end{bmatrix}^T = \begin{bmatrix} 0 & 2 \\ 3 & -1 \end{bmatrix}$

例 12 設 T 是 R^2 內由 $T([x, y]) = [4x - 2y, 2x + y]$ 所定義的線性運算子，請問 T 相對基底 $\{\vec{f}_1 = [1,1], \vec{f}_2 = [-1,0]\}$ 的係數矩陣的轉置矩陣。

做法 (1) 先求出 $T(\vec{f}_1)$ 和 $T(\vec{f}_2)$ 以基底 $\{\vec{f}_i\}$ 表示的值

(2) 再求出 (1) 的係數矩陣的轉置矩陣

解 (1) $T(\vec{f}_1) = T(1,1) = [4 \cdot 1 - 2 \cdot 1, 2 \cdot 1 + 1] = [2,3] = 3[1,1] + [-1,0]$

$= 3\vec{f}_1 + \vec{f}_2 = [3,1]_f$

$T(\vec{f}_2) = T(-1,0) = [4 \cdot (-1) - 2 \cdot 0, 2 \cdot (-1) + 0] = [-4,-2]$

$= -2[1,1] + 2[-1,0] = -2\vec{f}_1 + 2\vec{f}_2 = [-2,2]_f$

(2) 所以 $[T]_f = \begin{bmatrix} 3 & 1 \\ -2 & 2 \end{bmatrix}^T = \begin{bmatrix} 3 & -2 \\ 1 & 2 \end{bmatrix}$

註：(1) 若向量底下沒有註明基底，表示它是以標準基底表示，如上面的 $[2, 3] = [2, 3]_e$

(2) 若向量不是以標準基底表示，則要註明其使用哪個基底表示，如 $[3, 1]_f$ 表示以基底 $\{\vec{f}_i\}$ 表示

例 13 設 T 是 R^3 內由 $T(x,y,z)=[2y+z,x-4y,3x]$ 所定義的線性運算子，請問 T 相對基底 $\{\vec{f}_1=[1,1,1],\vec{f}_2=[1,1,0]\},\vec{f}_3=[1,0,0]\}$ 的係數矩陣的轉置矩陣。

做法 同例 12，但此題先求出任意向量 $[a,b,c]$ 相對於基底 $[\vec{f}_1,\vec{f}_2,\vec{f}_3]$ 的坐標的準備工作，以利後續運算，即

解 $[a,b,c]=x\vec{f}_1+y\vec{f}_2+z\vec{f}_3=x[1,1,1]+y[1,1,0]+z[1,0,0]$

$$=[x+y+z,x+y,x]$$

$$\Rightarrow\begin{cases}x+y+z=a\\x+y=b\\x=c\end{cases}\text{，解得 } x=c,y=b-c,z=a-b$$

所以 $[a,b,c]=c\vec{f}_1+(b-c)\vec{f}_2+(a-b)\vec{f}_3\cdots\cdots$ (m)

註：底下算出 $T(\vec{f}_i)=[a,b,c]_e$ 後，就可以直接代 (m) 式的結果，改成以 $\{\vec{f}_i\}$ 基底表示

(1) $T(\vec{f}_1)=T(1,1,1)=[2\cdot1+1,1-4\cdot1,3\cdot1]=[3,-3,3]_e$

$$=3\vec{f}_1-6\vec{f}_2+6\vec{f}_3\text{（直接代 (m) 式結果得到）}$$

$T(\vec{f}_2)=T(1,1,0)=[2\cdot1+0,1-4\cdot1,3\cdot1]=[2,-3,3]_e$

$$=3\vec{f}_1-6\vec{f}_2+5\vec{f}_3$$

$T(\vec{f}_3)=T(1,0,0)=[2\cdot0+0,1-4\cdot0,3\cdot1]=[0,1,3]_e$

$$=3\vec{f}_1-2\vec{f}_2-1\vec{f}_3$$

(2) 所以 $[T]_f=\begin{bmatrix}3&-6&6\\3&-6&5\\3&-2&-1\end{bmatrix}^T=\begin{bmatrix}3&3&3\\-6&-6&-2\\6&5&-1\end{bmatrix}$

> 8.【線性運算子的基底轉換】設 T 是場 R 內向量空間 V 的線性運算子，向量以標準基底 $\{\vec{e}_1,\vec{e}_2,\cdots,\vec{e}_n\}$ 表示，現 V 有一新基底 $\{\vec{f}_1,\vec{f}_2,\cdots,\vec{f}_n\}$。對任何 $\vec{v}_e\in V$，均有 $[T]_f[\vec{v}_f]^T=[T(\vec{v}_e)]_f^T$ 特性。

註：(1) $\vec{v}_e$ 是向量 $\vec{v}$ 以標準基底 $\{\vec{e}_i\}$ 表示的向量，而 $\vec{v}_f$ 是向量 $\vec{v}$ 以基底 $\{\vec{f}_i\}$ 表示的向量

例如：(1) $[1, 2]_e = 1 \cdot [1, 0] + 2 \cdot [0, 1]$

(2) 若 $\vec{f}_1 = [1, 1], \vec{f}_2 = [1, 2]$，則

$[2, 3]_f = 2 \cdot [1, 1] + 3 \cdot [1, 2] = [5, 8]_e$

(2) $[\vec{v}_f]^T$，$[T(\vec{v}_e)]_f^T$ 上面的 T 表示轉置矩陣的 T

■ 說明：有二基底，一是標準基底 $\{\vec{e}_i\}$、一是新基底 $\{\vec{f}_i\}$，以標準基底表示的向量爲 $\vec{v}_e$，以新基底表示的向量爲 $\vec{v}_f$，現 $\vec{v}_e$ 經過線性運算子 T 運算後，再表示成新基底向量 $\{\vec{f}_i\}$ 的做法二種：

(1) $\vec{v}_e$ 先求出其經線性運算子 T 運算後的結果（即 $T(\vec{v}_e)$），再表示成新基底向量，即 $[T(\vec{v}_e)]_f$；

(2) $\vec{v}_e$ 轉換成新基底向量 $[\vec{v}_f]$、且求出 T 相對基底 $\{\vec{f}_i\}$ 的係數矩陣的轉置矩陣 $[T]_f$，二者再相乘，即 $[T]_f[\vec{v}_f]^T$。

(3) 以上二種做法的答案會一樣，即 $[T]_f[\vec{v}_f]^T = [T(\vec{v}_e)]_f^T$

例 14 設 T 是 R^2 內由 $T(x, y) = [4x - 2y, 2x + y]$ 所定義的線性運算子，有一新基底 $\{\vec{f}_1 = [1,1], \vec{f}_2 = [-1,0]\}$。若 $\vec{v}_e = [5, 7]$，求 (1) $[T]_f[\vec{v}_f]^T$；(2) $[T(\vec{v}_e)]_f$

解 (1) 要求 $[T]_f[\vec{v}_f]^T$ 之值

(a) 先求 $[\vec{v}_f]$ 值：將基底是 $\{\vec{e}_1 = [1,0], \vec{e}_2 = [0,1]\}$ 的 $\vec{v}_e$ 轉換成新基底 $\{\vec{f}_i\}$ 向量：

$\vec{v}_e = [5,7] = a\vec{f}_1 + b\vec{f}_2 = a[1,1] + b[-1,0] \Rightarrow a = 7, b = 2$

所以 $\vec{v}_e = [5,7]_e = 7\vec{f}_1 + 2\vec{f}_2 \Rightarrow \vec{v}_f = [7,2]_f$

(b) 再求 $[T]_f$ 值：由上個例子（例 12）知 $[T]_f = \begin{bmatrix} 3 & -2 \\ 1 & 2 \end{bmatrix}$

(c) 將 (a) 和 (b) 相乘：

$$[T]_f[\vec{v}_f]^T=\begin{bmatrix}3 & -2\\1 & 2\end{bmatrix}\begin{bmatrix}7\\2\end{bmatrix}_f=\begin{bmatrix}17\\11\end{bmatrix}_f$$

(2) 要求 $[T(\vec{v}_e)]_f^T$ 之值

(a) 先求 $\vec{v}_e$ 經 T 運算的值（即求 $T(\vec{v}_e)$）為：

$T(\vec{v}_e)=T(5,7)=[4\cdot 5-2\cdot 7, 2\cdot 5+7]=[6,17]_e$

(b) 再將 (a) 表成新基底向量（即 $[T(\vec{v}_e)]_f^T$）

$T[\vec{v}_e]=[6,17]_e=a\vec{f}_1+b\vec{f}_2=a[1,1]+b[-1,0]\Rightarrow a=17, b=11$

所以 $T[\vec{v}_e]_f=[17,11]_f$

(3) 由 (1)(2) 知，$[T]_f[\vec{v}_f]^T=[T(\vec{v}_e)]_f^T$，而方法 (2) 先經 T 轉換會比較簡單

6.4 基底變換

9.【與上節的差異】本節基底變換和上節（第 8 點）不同處是，本節不需要經過線性運算子的運算，而是直接做基底變換。

10.【基底的變換】

(1) 設 $(\vec{e}_1, \vec{e}_2, \cdots, \vec{e}_n)$ 是向量空間 V 的一個標準基底，$(\vec{f}_1, \vec{f}_2, \cdots, \vec{f}_n)$ 是 V 的另一個$\{\vec{f}_i\}$基底，可以將每個$\{\vec{f}_i\}$基底向量 $\vec{f}_i$ 用標準基底 $(\vec{e}_1, \vec{e}_2, \cdots, \vec{e}_n)$ 來表示，即

$$\vec{f}_1=a_{11}\vec{e}_1+a_{12}\vec{e}_2+\cdots+a_{1n}\vec{e}_n$$
$$\vec{f}_2=a_{21}\vec{e}_1+a_{22}\vec{e}_2+\cdots+a_{2n}\vec{e}_n$$
$$\cdots\cdots\cdots\cdots\cdots\cdots$$
$$\vec{f}_n=a_{n1}\vec{e}_1+a_{n2}\vec{e}_2+\cdots+a_{nn}\vec{e}_n$$

則上面係數矩陣的轉置矩陣爲

$$P=\begin{bmatrix} a_{11} & a_{12} & \cdots & a_{1n} \\ a_{21} & a_{22} & \cdots & a_{2n} \\ \cdots & \cdots & \cdots & \cdots \\ a_{n1} & a_{n2} & \cdots & a_{nn} \end{bmatrix}^T = \begin{bmatrix} a_{11} & a_{21} & \cdots & a_{n1} \\ a_{12} & a_{22} & \cdots & a_{n2} \\ \cdots & \cdots & \cdots & \cdots \\ a_{1n} & a_{2n} & \cdots & a_{nn} \end{bmatrix},$$

它是從基底 $\{\vec{f}_i\}$（在等號左邊）轉變成標準基底 $\{\vec{e}_i\}$（在等號右邊）的係數轉換矩陣（Transition matrix）。

(2) 因爲 $\{\vec{f}_i\}$ 基底向量 $(\vec{f}_1, \vec{f}_2, \cdots, \vec{f}_n)$ 是線性獨立的，矩陣 P 是可逆的，所以其反矩陣 P^{-1} 是從標準基底 $\{\vec{e}_i\}$ 轉成 $\{\vec{f}_i\}$ 基底的係數轉換矩陣

(3) 基底變換的作法：

(a) 已知 $\vec{v}_f$，求 $\vec{v}_e$：

方法 (i)：$[\vec{v}_e]^T = P[\vec{v}_f]^T$（即基底 $\{\vec{f}_i\}$ 轉換成標準基底的係數轉換矩陣（P）乘以基底 $\{\vec{f}_i\}$ 向量 $[\vec{v}_f]^T$ 等於標準基底向量 $[\vec{v}_e]^T$）；或

方法 (ii)：將 $\vec{v}_f$ 直接表示成 $\{\vec{e}_i\}$ 的線性組合，即爲 $\vec{v}_e$

(b) 已知 $\vec{v}_e$，求 $\vec{v}_f$：

方法 (i)：$[\vec{v}_f]^T = P^{-1}[\vec{v}_e]^T$ 或

方法 (ii)：將 $\vec{v}_e$ 直接表示成 $\{\vec{f}_i\}$ 的線性組合即爲 $\vec{v}_f$

例 15 考慮 R^2 的二基底：

$\{\vec{e}_1 = [1,0], \vec{e}_2 = [0,1]\}$ 和 $\{\vec{f}_1 = [1,1], \vec{f}_2 = [-1,0]\}$，

求：(1) 從基底 $\{\vec{f}_i\}$ 轉成基底 $\{\vec{e}_i\}$ 的係數轉換矩陣 P

(2) 若 $\vec{v}_f = [1, 2]_f$，求其 $\vec{v}_e = ?$

(3) 從基底 $\{\vec{e}_i\}$ 轉成基底 $\{\vec{f}_i\}$ 的係數轉換矩陣 Q

(4) 若 $\vec{v}_e=[1,2]_e$，求其 $\vec{v}_f=$ ？

(5) 求 $PQ=$？

解 (1) 因 $\vec{f}_1=[1,1]=1\cdot[1,0]+1\cdot[0,1]=1\cdot\vec{e}_1+1\cdot\vec{e}_2$

$\vec{f}_2=[-1,0]=-1\cdot[1,0]+0\cdot[0,1]=-1\cdot\vec{e}_1+0\cdot\vec{e}_2$

所以從基底 $\{\vec{f}_i\}$ 轉成基底 $\{\vec{e}_i\}$ 的係數轉換矩陣

$$P=\begin{bmatrix}1&1\\-1&0\end{bmatrix}^T=\begin{bmatrix}1&-1\\1&0\end{bmatrix}$$

(2) 方法 1：利用公式 $[\vec{v}_e]^T=P[\vec{v}_f]^T$ 解

$$P\vec{v}_f^T=\begin{bmatrix}1&-1\\1&0\end{bmatrix}\begin{bmatrix}1\\2\end{bmatrix}_f=\begin{bmatrix}-1\\1\end{bmatrix}_e=\vec{v}_e^T$$

方法 2：將 $\vec{v}_f$ 直接表示成 $\{\vec{e}_i\}$ 的線性組合

$$\vec{v}_f=[1,2]_f=1\cdot[1,1]+2\cdot[-1,0]=[-1,1]_e$$

由上知，方法 1 和方法 2 的結果相同，而方法 2 的直接轉換會比較簡單

(3) 因 $\vec{e}_1=[1,0]=0\cdot[1,1]-1\cdot[-1,0]=0\cdot\vec{f}_1-1\cdot\vec{f}_2=[0,-1]_f$

$\vec{e}_2=[0,1]=1\cdot[1,1]+1\cdot[-1,0]=1\cdot\vec{f}_1+1\cdot\vec{f}_2=[1,1]_f$

所以從基底 $\{\vec{e}_i\}$ 轉成基底 $\{\vec{f}_i\}$ 的係數轉換矩陣

$$Q=\begin{bmatrix}0&-1\\1&1\end{bmatrix}^T=\begin{bmatrix}0&1\\-1&1\end{bmatrix}$$

(4) 方法 1：利用公式 $[\vec{v}_f]^T=Q[\vec{v}_e]^T$ 解

$$Q\vec{v}_e^T=\begin{bmatrix}0&1\\-1&1\end{bmatrix}\begin{bmatrix}1\\2\end{bmatrix}_e=\begin{bmatrix}2\\1\end{bmatrix}_f=\vec{v}_f^T$$

方法 2：將 $\vec{v}_e$ 直接表示成 $\{\vec{f}_i\}$ 的線性組合

$$\vec{v}_e=[1,2]_e=a[1,1]+b[-1,0]$$

$\Rightarrow a = 2, b = 1$

$\Rightarrow \vec{v}_f = [2, 1]_f$

由上知，方法 1 和方法 2 的結果相同，而方法 2 的直接轉換會比較簡單

(5) $PQ = \begin{bmatrix} 1 & -1 \\ 1 & 0 \end{bmatrix}\begin{bmatrix} 0 & 1 \\ -1 & 1 \end{bmatrix} = \begin{bmatrix} 1 & 0 \\ 0 & 1 \end{bmatrix} = I_2$

所以 $Q = P^{-1}$

例 16 有二個 R^2 基底

$\{\vec{e}_1 = [1,0]、\vec{e}_2 = [0,1]\}$ 和 $\{\vec{f}_1 = [1,3]、\vec{f}_2 = [2,5]\}$

(1) 求從 $\{\vec{f}_i\}$ 基底轉換到 $\{\vec{e}_i\}$ 的係數轉換矩陣 P？

(2) 求從 $\{\vec{e}_i\}$ 基底轉換到 $\{\vec{f}_i\}$ 的係數轉換矩陣 Q？

(3) 證明 $Q = P^{-1}$

(4) 證明對於任何向量 $\vec{v} \in R^2$，$[\vec{v}_f]^T = P^{-1}[\vec{v}_e]^T$

解 (1) $\vec{f}_1 = [1,3] = 1 \cdot \vec{e}_1 + 3 \cdot \vec{e}_2$

$\vec{f}_2 = [2,5] = 2 \cdot \vec{e}_1 + 5 \cdot \vec{e}_2$

所以 $P = \begin{bmatrix} 1 & 3 \\ 2 & 5 \end{bmatrix}^T = \begin{bmatrix} 1 & 2 \\ 3 & 5 \end{bmatrix}$

(2) $\vec{e}_1 = [1,0] = -5 \cdot \vec{f}_1 + 3 \cdot \vec{f}_2$

$\vec{e}_2 = [0,1] = 2 \cdot \vec{f}_1 - 1 \cdot \vec{f}_2$

所以 $Q = \begin{bmatrix} -5 & 3 \\ 2 & -1 \end{bmatrix}^T = \begin{bmatrix} -5 & 2 \\ 3 & -1 \end{bmatrix}$

(3) $PQ = \begin{bmatrix} 1 & 2 \\ 3 & 5 \end{bmatrix}\begin{bmatrix} -5 & 2 \\ 3 & -1 \end{bmatrix} = \begin{bmatrix} 1 & 0 \\ 0 & 1 \end{bmatrix}$

(4) 若 $\vec{v}_e=[a,b]_e$

(a) 將 $\vec{v}_e$ 直接表示成 $\{\vec{f}_i\}$ 的線性組合

令 $\vec{v}_e=[a,b]_e=x\cdot\vec{f}_1+y\cdot\vec{f}_2=x[1,3]+y[2,5]$

解得 $x=2b-5a, y=3a-b$

所以 $[\vec{v}_f]=[2b-5a,3a-b]_f$

(b) 用公式 $[\vec{v}_f]^T=P^{-1}[\vec{v}_e]^T$ 解

$$P^{-1}[\vec{v}_e]^T=\begin{bmatrix}-5 & 2\\ 3 & -1\end{bmatrix}\begin{bmatrix}a\\ b\end{bmatrix}=\begin{bmatrix}2b-5a\\ 3a-b\end{bmatrix}=[\vec{v}_f]^T$$

由上知，(a)(b) 所求出來的答案相同，而方法 (a) 的直接轉換會比較簡單

例 17 有二個 R^3 基底 $\{\vec{e}_1=[1,0,0]、\vec{e}_2=[0,1,0]、\vec{e}_3=[0,0,1]\}$ 和 $\{\vec{f}_1=[1,1,1]、\vec{f}_2=[1,1,0]、\vec{f}_3=[1,0,0]\}$

(1) 求從 $\{\vec{f}_i\}$ 基底轉換到 $\{\vec{e}_i\}$ 的係數轉換矩陣 P？

(2) 求從 $\{\vec{e}_i\}$ 基底轉換到 $\{\vec{f}_i\}$ 的係數轉換矩陣 Q？

(3) 證明 $Q=P^{-1}$

(4) 證明對於任何向量 $\vec{v}\in R^3$，$[\vec{v}]_f=P^{-1}[\vec{v}]_e$

解 (1) $\vec{f}_1=[1,1,1]=1\cdot\vec{e}_1+1\cdot\vec{e}_2+1\cdot\vec{e}_3$

$\vec{f}_2=[1,1,0]=1\cdot\vec{e}_1+1\cdot\vec{e}_2+0\cdot\vec{e}_3$

$\vec{f}_3=[1,0,0]=1\cdot\vec{e}_1+0\cdot\vec{e}_2+0\cdot\vec{e}_3$

$$\text{所以 } P=\begin{bmatrix}1 & 1 & 1\\ 1 & 1 & 0\\ 1 & 0 & 0\end{bmatrix}^T=\begin{bmatrix}1 & 1 & 1\\ 1 & 1 & 0\\ 1 & 0 & 0\end{bmatrix}$$

(2) $\vec{e}_1=[1,0,0]=0\cdot\vec{f}_1+0\cdot\vec{f}_2+1\cdot\vec{f}_3$

$\vec{e}_2=[0,1,0]=0\cdot\vec{f}_1+1\cdot\vec{f}_2-1\cdot\vec{f}_3$

$\vec{e}_3=[0,0,1]=1\cdot\vec{f}_1-1\cdot\vec{f}_2+0\cdot\vec{f}_3$

所以 $Q=\begin{bmatrix}0&0&1\\0&1&-1\\1&-1&0\end{bmatrix}^T=\begin{bmatrix}0&0&1\\0&1&-1\\1&-1&0\end{bmatrix}$

(3) $PQ=\begin{bmatrix}1&1&1\\1&1&0\\1&0&0\end{bmatrix}\begin{bmatrix}0&0&1\\0&1&-1\\1&-1&0\end{bmatrix}=\begin{bmatrix}1&0&0\\0&1&0\\0&0&1\end{bmatrix}$

(4) 若 $\vec{v}_e=[a,b,c]_e$

(a) 將 $\vec{v}_e$ 直接表示成 $\{\vec{f}_i\}$ 的線性組合

令 $\vec{v}_e=[a,b,c]=x\cdot\vec{f}_1+y\cdot\vec{f}_2+z\cdot\vec{f}_3$

$=x[1,1,1]+y[1,1,0]+z[1,0,0]$

解得 $x=c, y=(b-c), z=(a-b)$

所以 $[\vec{v}_f]=[c,b-c,a-b]_f$

(b) 利用公式 $[\vec{v}_f]^T=P^{-1}[\vec{v}_e]^T$ 解

$$P^{-1}[\vec{v}_e]^T=\begin{bmatrix}0&0&1\\0&1&-1\\1&-1&0\end{bmatrix}\begin{bmatrix}a\\b\\c\end{bmatrix}=\begin{bmatrix}c\\b-c\\a-b\end{bmatrix}_f=[\vec{v}_f]^T$$

由上知，(a)(b) 所求出來的答案相同，而方法 (a) 的直接轉換會比較簡單

12.【基底的變換（二）】

(1) 上面介紹的基底變換都是標準基底 $\{\vec{e}_i\}$ 和其他基底 $\{\vec{f}_i\}$ 間的變換（見例 16(4) 和例 17(4)）；

(2) 若沒有標準基底，要做其他二不同基底的變換，例如：要將基底 $\{\vec{f}_i\}$ 變換成基底 $\{\vec{g}_i\}$ 時，則必須先將基底 $\{\vec{f}_i\}$ 變換成標準基底 $\{\vec{e}_i\}$，再由標準基底 $\{\vec{e}_i\}$ 變換成基底 $\{\vec{g}_i\}$。

註：此題做法類似計概的不同進制的數值轉換，例如：要將一個二進制數值轉換成五進制數值時，要先將二進制數值轉換成十進制數值，再將十進制數值轉換成五進制數值。

例 18 (1) 有二個 R^2 基底 $\{\vec{f}_1=[1,0]、\vec{f}_2=[1,1]\}$ 和 $\{\vec{g}_1=[1,2]、\vec{g}_2=[2,1]\}$，若 $[\vec{v}]_f=[6,9]_f$，求 $[\vec{v}]_g$

(2) 有二個 R^3 基底 $\{\vec{f}_1=[0,1,2]、\vec{f}_2=[0,2,1]、\vec{f}_3=[1,2,1]\}$ 和 $\{\vec{g}_1=[1,0,0]、\vec{g}_2=[1,1,0]、\vec{g}_3=[1,1,1]\}$，若 $[\vec{v}]_f=[1,2,3]_f$，求 $[\vec{v}]_g$

解 (1) $[\vec{v}]_f=[6,9]_f=6[1,0]+9[1,1]=[15,9]_e$

而 $[15,9]_e=a\vec{g}_1+b\vec{g}_2=a[1,2]+b[2,1]\Rightarrow a=1, b=7$

即 $[\vec{v}]_f=[6,9]_f=[1,7]_g=[\vec{v}]_g$

(2) $[\vec{v}]_f=[1,2,3]_f=1[0,1,2]+2[0,2,1]+3[1,2,1]=[3,11,7]_e$

而 $[3,11,7]_e=a\vec{g}_1+b\vec{g}_2+c\vec{g}_3=a[1,0,0]+b[1,1,0]+c[1,1,1]$

$\Rightarrow a=-8, b=4, c=7$

即 $[\vec{v}]_f=[1,2,3]_f=[-8,4,7]_g=[\vec{v}]_g$

練習題

1. 試問下列映象 F 是否為線性映射？

(a) 函數 $F：R^3\to R$，且 $F(x,y,z)=2x-3y+4z$；

答：是線性映射

(b) 函數 $F：R^2 \to R$，且 $F(x, y) = xy$；

答：不是線性映射

(c) 函數 $F：R^2 \to R^3$，且 $F(x, y) = [x + 1, 2y, x + y]$；

答：不是線性映射

(d) 函數 $F：R^3 \to R^2$，且 $F(x, y, z) = [|x|, 0]$；

答：不是線性映射

2. 下列的函數F均是線性映射，求其(a)F的像（ImF，U）的基底與維度？(b)F的核（$KerF$，W）的基底與維度？

(1) 函數 $F：R^3 \to R$，且 $F(x, y, z) = 2x - 3y + 5z$；

答：(a)$\{1\}$、$\dim U = 1$；(b)$\{[3, 2, 0], [5, 0, -2]\}$、$\dim W = 2$

(2) 函數 $F：R^2 \to R^2$，且 $F(x, y) = [x + y, x + y]$

答：(a)$\{[1, 1]\}$、$\dim U = 1$；(b)$\{[1, -1]\}$、$\dim W = 1$

(3) 函數 $F：R^3 \to R^2$，且 $F(x, y, z) = [x + y, y + z]$

答：(a)$\{[1, 0], [0, 1]\}$、$\dim U = 2$；(b)$\{[1, -1, 1]\}$、$\dim W = 1$

3. 函數 $F：R^2 \to R^3$，且 $F(1, 2) = [3, -1, 5]$、$F(0, 1) = [2, 1, -1]$，求 $F(a, b)$

答：$F(a, b) = [-a + 2b, -3a + b, 7a - b]$

4. 函數 $F：R^3 \to R$，且 $F(1, 1, 1) = 3$、$F(0, 1, -2) = 1$、$F(0, 0, 1) = -2$，求 $F(a, b, c)$

答：$F(a, b, c) = 8a - 3b - 2c$

5. 設 V 是 2×2 矩陣的向量空間，且矩陣 $M=\begin{bmatrix}1 & -1\\ -2 & 2\end{bmatrix}$，若函數 $F：V\rightarrow V$ 是線性映射，且 $F(A)=MA$，求其 (a) F 的核（$KerF$，W）的基底與維度？(b)F 的像（ImF，U）的基底與維度？

答：(a) $\left\{\begin{pmatrix}1 & 0\\ 1 & 0\end{pmatrix},\begin{pmatrix}0 & 1\\ 0 & 1\end{pmatrix}\right\}$、$\dim W=2$；

(b) $\left\{\begin{pmatrix}1 & 0\\ -2 & 0\end{pmatrix},\begin{pmatrix}0 & 1\\ 0 & -2\end{pmatrix}\right\}$、$\dim U=2$

6. 設函數 $F：R^3\rightarrow R^3$ 是線性映射，且其像為 $F(1,0,0)=[1,2,3]$、$F(0,1,0)=[4,5,6]$、$F(0,0,1)=[7,8,9]$，求其函數 F 為何？

答：$F(x,y,z)=[x+4y+7z, 2x+5y+8z, 3x+6y+9z]$

7. 下列二矩陣是由 R^4 映至 R^3 的線性映射，其 (1)F 的像（ImF）的基底與維度？(2) F 的核（$KerF$）的基底與維度？

(i) $A=\begin{bmatrix}1 & 2 & 0 & 1\\ 2 & -1 & 2 & -1\\ 1 & -3 & 2 & -2\end{bmatrix}$ (ii) $A=\begin{bmatrix}1 & 0 & 2 & -1\\ 2 & 3 & -1 & 1\\ -2 & 0 & -5 & 3\end{bmatrix}$

答：(i) (a) $\{[1,2,1],[0,1,1]\}$、$\dim(\mathrm{Im}A)=2$；

(b) $\{[4,-2,-5,0],[1,-3,0,5]\}$、$\dim(KerA)=2$

(ii) (a) $\{[1,2,-2],[0,1,0],[0,0,1]\}$，$\mathrm{Im}B=R^3$；

(b) $\left\{[-1,\frac{2}{3},1,1]\right\}$、$\dim(KerB)=1$

8. 請問下列函數是線性函數或非線性函數

(1) $F：R^3\rightarrow R^2$，且 $F(x,y,z)=[x+y+z, 2x-3y+4z]$，

(2) $F：R^2 \rightarrow R^2$，且 $F(x, y) = [xy, x]$，

(3) $F：R^2 \rightarrow R^3$，且 $F(x, y) = [x + 3, 2y, x + y]$，

(4) $F：R^3 \rightarrow R^2$，且 $F(x, y, z) = [|x|, y + z]$，

答：(1) 是；(2) 不是；(3) 不是；(4) 不是

9. 設 T 是 R^2 內由 $T(x, y) = [3x - 4y, x + 5y]$ 所定義的線性運算子，請問 T 相對基底 $\{\vec{e}_1 = [1,0], \vec{e}_2 = [0,1]\}$ 的係數轉換矩陣。

答：$[T]_e = \begin{bmatrix} 3 & -4 \\ 1 & 5 \end{bmatrix}$

10. 設 T 是 R^3 內由下面所定義的線性運算子，請問 T 相對基底 e $\{\vec{e}_1 = [1,0,0], \vec{e}_2 = [0,1,0]\}, \vec{e}_3 = [0,0,1]\}$ 的係數轉換矩陣。

(1) $T(x, y, z) = [2x - 3y + 4z, 5x - y + 2z, 4x + 7y]$

(2) $T(x, y, z) = [2y + z, x - 4y, 3x]$

答：(1) $[T]_e = \begin{bmatrix} 2 & -3 & 4 \\ 5 & -1 & 2 \\ 4 & 7 & 0 \end{bmatrix}$；(2) $[T]_e = \begin{bmatrix} 0 & 2 & 1 \\ 1 & -4 & 0 \\ 3 & 0 & 0 \end{bmatrix}$

11. 係數轉換矩陣 $P = \begin{bmatrix} 1 & 0 & 0 \\ 0 & 3 & 2 \\ 0 & 1 & 1 \end{bmatrix}$ 是將基底 B 轉至基底 $\{[1, 1, 1], [1, 1, 0], [1, 0, 0]\}$ 的矩陣，求基底 B 爲何？

答：$B = \{[1, 1, 1], [4, 3, 0], [3, 2, 0]\}$

12. 設 $T：R^3 \rightarrow R^2$ 爲一線性變換，其中

$T(x, y, z) = [x + 3y + 4z, -2x - y + 2z]$，求

(1) 若 B_1 = {[1, 0, 1], [2, 3, 4], [–5, 2, 1]} 與 B_2 = {[1, 1], [2, 3]} 分別是 R^3 與 R^2 的基底，求線性轉換 T 的代表矩陣 A

(2) 若 R^3 與 R^2 的基底改用標準基底（即分別是 {[1, 0, 0], [0, 1, 0], [0, 0, 1]} 與 {[1, 0], [0, 1]}，求線性轉換 T 的代表矩陣 $\hat{A}$

(3) 若 $\vec{u}=[-1,4,2]$，求 $T(\vec{u})$

答：(1) $[T]=\begin{bmatrix}15 & 79 & -5\\ -5 & -26 & 5\end{bmatrix}$；(2) $[T]=\begin{bmatrix}1 & 3 & 4\\ -2 & -1 & 2\end{bmatrix}$；

(3) [19, 2]

13. 設 $\vec{v}_1=[4, 6, 7]$、$\vec{v}_2=[0, 1, 1]$、$\vec{v}_3=[1, 1, 2]$，$\vec{u}_1[1, 1, 1]$、$\vec{u}_2=[1, 2, 2]$、$\vec{u}_3=[2, 3, 4]$，求

(1) 從基底 $\{\vec{v}_1,\vec{v}_2,\vec{v}_3\}$ 轉換到基底 $\{\vec{u}_1,\vec{u}_2,\vec{u}_3\}$ 的係數轉換矩陣

(2) 若 $\vec{x}=2\vec{v}_1+\vec{v}_2-\vec{v}_3$，求 $\vec{x}$ 表示成基底 $\{\vec{u}_1,\vec{u}_2,\vec{u}_3\}$ 的組合

答：(1) $[T]=\begin{bmatrix}1 & -1 & 0\\ 1 & 1 & -1\\ 1 & 0 & 1\end{bmatrix}$；(2) [1, 4, 1]

14. 若 $\vec{u}_1[1, 1, 1]$、$\vec{u}_2=[1, 2, 2]$、$\vec{u}_3=[2, 3, 4]$ 和 $\vec{v}_1=[4, 6, 7]$、$\vec{v}_2=[0, 1, 1]$、$\vec{v}_3=[0, 1, 2]$

(1) 求由 $\{\vec{v}_1,\vec{v}_2,\vec{v}_3\}$ 到 $\{\vec{u}_1,\vec{u}_2,\vec{u}_3\}$ 的係數轉換矩陣

(2) 若 $\vec{x}=2\vec{v}_1+3\vec{v}_2-4\vec{v}_3$，請將 $\vec{x}$ 以 $\{\vec{u}_1,\vec{u}_2,\vec{u}_3\}$ 表示之

答：(1) $\begin{bmatrix}1 & -1 & -2\\ 1 & 1 & 0\\ 1 & 0 & 1\end{bmatrix}$；(2) [7, 5, –2]

第 7 章　特徵值與特徵向量

本章向量以行向量（column vector）表示。

1.【特徵值與特徵向量】

(1) (a) 設 $T: V \to V$ 為場 R 內向量空間 V 中的線性映射，若存在一個非零向量 $\vec{v} \in V$ 和一純量 $\lambda \in R$，使得 $T(\vec{v}) = \lambda\vec{v}$，則稱 λ 是 T 的特徵值（Eigenvalue）；或

(b) 方陣 A 中，若存在一個非零的向量 $\vec{v} \in V$ 和一純量 $\lambda \in R$，使得 $A\vec{v} = \lambda\vec{v}$，則稱 λ 是方陣 A 的特徵值。

(2) 滿足此關係的每個向量 $\vec{v}$，稱為屬於此特徵值 λ 的特徵向量（Eigenvector）；

(3) 每一個 λ 的「所有特徵向量」和「零向量」可構成一個 V 的子空間，稱為此 λ 的特徵空間（Eigenspace）；（註：一個特徵值可能有多個特徵向量）

(4) 同一映射（或同一矩陣）的相異特徵值所對應的非零特徵向量是線性獨立的。

■ 用法：(A) 要求矩陣 A 的特徵值和特徵向量：

(1) 令 $A\vec{v} = \lambda\vec{v} \Rightarrow (A - \lambda I)\vec{v} = \vec{0}$；

(2) $(A - \lambda I)\vec{v} = \vec{0}$ 此齊次方程組有異於 [0, 0] 解的條件是其行列式 $|A - \lambda I|$ 為 0，可求出特徵值 λ；

(3) 將求出來的 λ 代入 (1) 式，可求出此 λ 所對應的特徵向量。

(B) 要求線性運算子

$T(x, y, z) = [a_{11}x + a_{12}y + a_{13}z, a_{21}x + a_{22}y + a_{23}z, a_{31}x + a_{32}y + a_{33}z]$ 的特徵值和特徵向量（以 R^3 爲例）：

(1) 將 T 表成係數矩陣形式，

即 $\begin{bmatrix} a_{11} & a_{12} & a_{13} \\ a_{21} & a_{22} & a_{23} \\ a_{31} & a_{32} & a_{33} \end{bmatrix}\begin{bmatrix} x \\ y \\ z \end{bmatrix} = T\vec{v}$

(2) 將 T 矩陣同 (A) 項的矩陣 A 方式，算出 T 的特徵值和特徵向量

例 1 求矩陣 $A = \begin{bmatrix} 1 & 2 \\ 3 & 2 \end{bmatrix}$ 的所有特徵值與其對應的特徵向量

做法 特徵值是要求 $A\vec{v} = \lambda\vec{v}$ 的 λ 值，其中 $\vec{v} = \begin{bmatrix} x \\ y \end{bmatrix}$

解 (1) $\begin{bmatrix} 1 & 2 \\ 3 & 2 \end{bmatrix}\begin{bmatrix} x \\ y \end{bmatrix} = \lambda\begin{bmatrix} x \\ y \end{bmatrix} = \begin{bmatrix} \lambda x \\ \lambda y \end{bmatrix}$

$$\Rightarrow \begin{cases} x + 2y = \lambda x \\ 3x + 2y = \lambda y \end{cases} \Rightarrow \begin{cases} (1-\lambda)x + 2y = 0 \\ 3x + (2-\lambda)y = 0 \end{cases} \cdots\cdots \text{(m)}$$

(2) 此齊次方程組有異於 [0, 0] 解的條件是其行列式為 0

$$\begin{vmatrix} 1-\lambda & 2 \\ 3 & 2-\lambda \end{vmatrix} = 0 \Rightarrow (1-\lambda)(2-\lambda) - 6 = 0$$

$\Rightarrow \lambda^2 - 3\lambda - 4 = 0 \Rightarrow \lambda = 4$ 或 $\lambda = -1$ 為其特徵值

(3) 將 λ 代入 (m) 式，可求出此 λ 所對應的特徵向量

(a) $\lambda = 4$ 代入 (m) $\Rightarrow \begin{cases} -3x+2y=0 \\ 3x-2y=0 \end{cases}$

$\Rightarrow 3x-2y=0$（有一自由變數 y，y 可選取任意值）

令 $y=3 \Rightarrow x=2$，所以 $\vec{v}=\begin{bmatrix} x \\ y \end{bmatrix}=\begin{bmatrix} 2 \\ 3 \end{bmatrix}$ 為其一解

也就是特徵值 $\lambda = 4$ 所對應的特徵向量為 $\vec{v}=\begin{bmatrix} 2 \\ 3 \end{bmatrix}$

(b) $\lambda = -1$ 代入 (m) $\Rightarrow \begin{cases} 2x+2y=0 \\ 3x+3y=0 \end{cases}$

$\Rightarrow x+y=0$（有一自由變數 y，y 可選取任意值）

令 $y=-1 \Rightarrow x=1$，所以 $\vec{v}=\begin{bmatrix} x \\ y \end{bmatrix}=\begin{bmatrix} 1 \\ -1 \end{bmatrix}$ 為其一解

也就是特徵值 $\lambda = -1$ 所對應的特徵向量為 $\vec{v}=\begin{bmatrix} 1 \\ -1 \end{bmatrix}$

註：特徵向量 $\begin{bmatrix} 2 \\ 3 \end{bmatrix}$ 和 $\begin{bmatrix} 1 \\ -1 \end{bmatrix}$ 是線性獨立的

例 2 矩陣 $A=\begin{bmatrix} 1 & 1 & 1 \\ 0 & 2 & 1 \\ 2 & 1 & 0 \end{bmatrix}$，求矩陣 A 的特徵值和特徵向量

做法 特徵值是要求 $A\vec{v}=\lambda\vec{v}$ 的 λ 值，其中 $\vec{v}=\begin{bmatrix} x \\ y \\ z \end{bmatrix}$

解 (1) $\begin{bmatrix} 1 & 1 & 1 \\ 0 & 2 & 1 \\ 2 & 1 & 0 \end{bmatrix}\begin{bmatrix} x \\ y \\ z \end{bmatrix}=\lambda\begin{bmatrix} x \\ y \\ z \end{bmatrix}=\begin{bmatrix} \lambda x \\ \lambda y \\ \lambda z \end{bmatrix}$

$$\Rightarrow \begin{cases} x+y+z=\lambda x \\ 2y+z=\lambda y \\ 2x+y=\lambda z \end{cases} \Rightarrow \begin{cases} (1-\lambda)x+y+z=0 \\ (2-\lambda)y+z=0 \\ 2x+y-\lambda z=0 \end{cases} \cdots\cdots \text{(m)}$$

(2) 此齊次方程組有異於 [0,0,0] 解的條件是其行列式為 0

$$\begin{vmatrix} 1-\lambda & 1 & 1 \\ 0 & 2-\lambda & 1 \\ 2 & 1 & -\lambda \end{vmatrix} = 0 \Rightarrow -\lambda(1-\lambda)(2-\lambda)+2-2(2-\lambda) -(1-\lambda)=0$$

$$\Rightarrow \lambda^3-3\lambda^2-\lambda+3=0$$

$\Rightarrow \lambda=3$ 或 $\lambda=1$ 或 $\lambda=-1$ 為其特徵值

(3) 將 λ 代入 (m) 式，可求出此 λ 所對應的特徵向量

(a) $\lambda=3$ 代入 (m) $\Rightarrow \begin{cases} -2x+y+z=0 \\ -y+z=0 \\ 2x+y-3z=0 \end{cases} \Rightarrow \begin{cases} -2x+y+z=0 \\ -y+z=0 \\ 2y-2z=0 \end{cases}$

$$\Rightarrow \begin{cases} -2x+y+z=0 \\ y-z=0 \end{cases}$$

（有一個自由變數 z，可選取任意值）

令 $z=1 \Rightarrow y=1, x=1$，

所以 $\vec{v}=\begin{bmatrix} x \\ y \\ z \end{bmatrix}=\begin{bmatrix} 1 \\ 1 \\ 1 \end{bmatrix}$ 為其一解

也就是特徵值 $\lambda=3$ 所對應的特徵向量為 $\vec{v}=\begin{bmatrix} 1 \\ 1 \\ 1 \end{bmatrix}$

(b) $\lambda=1$ 代入 (m) $\Rightarrow \begin{cases} y+z=0 \\ y+z=0 \\ 2x+y-z=0 \end{cases}$

$$\Rightarrow \begin{cases} 2x+y-z=0 \\ y+z=0 \end{cases}$$

(有一個自由變數 z，可選取任意值)

令 $z=1 \Rightarrow y=-1, x=1$，

所以 $\vec{v}=\begin{bmatrix} x \\ y \\ z \end{bmatrix}=\begin{bmatrix} 1 \\ -1 \\ 1 \end{bmatrix}$ 為其一解

也就是特徵值 $\lambda=1$ 所對應的特徵向量為 $\vec{v}=\begin{bmatrix} 1 \\ -1 \\ 1 \end{bmatrix}$

(c) $\lambda=-1$ 代入 (m) $\Rightarrow \begin{cases} 2x+y+z=0 \\ 3y+z=0 \\ 2x+y+z=0 \end{cases}$

$$\Rightarrow \begin{cases} 2x+y+z=0 \\ 3y+z=0 \end{cases}$$

(有一個自由變數 z，可選取任意值)

令 $z=3 \Rightarrow y=-1, x=-1$，

所以 $\vec{v}=\begin{bmatrix} x \\ y \\ z \end{bmatrix}=\begin{bmatrix} -1 \\ -1 \\ 3 \end{bmatrix}$ 為其一解

也就是特徵值 $\lambda=-1$ 所對應的特徵向量為 $\vec{v}=\begin{bmatrix} -1 \\ -1 \\ 3 \end{bmatrix}$

所以特徵值 $=3, 1, -1$；特徵向量 $=\begin{bmatrix} 1 \\ 1 \\ 1 \end{bmatrix}$、$\begin{bmatrix} 1 \\ -1 \\ 1 \end{bmatrix}$、$\begin{bmatrix} -1 \\ -1 \\ 3 \end{bmatrix}$

註：三個特徵向量 $\begin{bmatrix}1\\1\\1\end{bmatrix}$、$\begin{bmatrix}1\\-1\\1\end{bmatrix}$、$\begin{bmatrix}-1\\-1\\3\end{bmatrix}$ 是線性獨立的

> 2.【特徵值的性質】(1) 若矩陣 A 的特徵值為 $\{\lambda_i\}$，特徵向量為 $\{\vec{v}_i\}$，則矩陣 $2A, A^2, A^{-1}, A+2I$ 的特徵向量還是 $\{\vec{v}_i\}$，特徵值則分別為 $\{2\lambda_i\}$、$\{\lambda_i^2\}$、$\{\lambda_i^{-1}\}$、$\{\lambda_i+2\}$；
> (2) 矩陣 A 的所有特徵值的乘積等於矩陣 A 的行列式值。

例 3 若矩陣 $A=\begin{bmatrix}2 & -1\\-1 & 2\end{bmatrix}$，求矩陣 (1) A、(2) $5A$、(3) A^2、(4) A^{-1}、(5) $A+4I$ 的所有特徵值與其對應的特徵向量，(6) 矩陣 A 的行列式值。

做法 先求出矩陣 A 的特徵值和特徵向量

解 (1) $\begin{bmatrix}2 & -1\\-1 & 2\end{bmatrix}\begin{bmatrix}x\\y\end{bmatrix}=\lambda\begin{bmatrix}x\\y\end{bmatrix}=\begin{bmatrix}\lambda x\\\lambda y\end{bmatrix}$

$$\Rightarrow\begin{cases}2x-y=\lambda x\\-x+2y=\lambda y\end{cases}\Rightarrow\begin{cases}(2-\lambda)x-y=0\\-x+(2-\lambda)y=0\end{cases}\cdots\cdots\text{(m)}$$

(2) 此齊次方程組有異於 [0, 0] 解的條件是其行列式為 0

$$\begin{vmatrix}2-\lambda & -1\\-1 & 2-\lambda\end{vmatrix}=0\Rightarrow(2-\lambda)(2-\lambda)-1=0$$

$\Rightarrow\lambda^2-4\lambda+3=0\Rightarrow\lambda=3$ 或 $\lambda=1$ 為其特徵值

(3) 將 λ 代入 (m) 式，可求出此 λ 所對應的特徵向量

(a) $\lambda = 3$ 代入 (m) $\Rightarrow \begin{cases} -x - y = 0 \\ -x - y = 0 \end{cases}$

$\Rightarrow x + y = 0$（y 為自由變數）

令 $y = -1 \Rightarrow x = 1$，所以 $\vec{v} = \begin{bmatrix} x \\ y \end{bmatrix} = \begin{bmatrix} 1 \\ -1 \end{bmatrix}$

(b) $\lambda = 1$ 代入 (m) $\Rightarrow \begin{cases} x - y = 0 \\ -x + y = 0 \end{cases}$

$\Rightarrow x - y = 0$（y 為自由變數）

令 $y = 1 \Rightarrow x = 1$，所以 $\vec{v} = \begin{bmatrix} x \\ y \end{bmatrix} = \begin{bmatrix} 1 \\ 1 \end{bmatrix}$

■此題答案為：

(1) 矩陣 A 的特徵值為 $\lambda = 3$ 或 $\lambda = 1$，其對應的特徵向量為 $\begin{bmatrix} 1 \\ -1 \end{bmatrix}$ 和 $\begin{bmatrix} 1 \\ 1 \end{bmatrix}$；

(2) 矩陣 $5A$ 的特徵值為 $\lambda = 3 \times 5 = 15$ 或 $\lambda = 1 \times 5 = 5$，其對應的特徵向量為 $\begin{bmatrix} 1 \\ -1 \end{bmatrix}$ 和 $\begin{bmatrix} 1 \\ 1 \end{bmatrix}$；

(3) 矩陣 A^2 的特徵值為 $\lambda = 3^2 = 9$ 或 $\lambda = 1^2 = 1$，其對應的特徵向量為 $\begin{bmatrix} 1 \\ -1 \end{bmatrix}$ 和 $\begin{bmatrix} 1 \\ 1 \end{bmatrix}$；

(4) 矩陣 A^{-1} 的特徵值為 $\lambda = 3^{-1} = \frac{1}{3}$ 或 $\lambda = 1^{-1} = 1$，其對應的特徵向量為 $\begin{bmatrix} 1 \\ -1 \end{bmatrix}$ 和 $\begin{bmatrix} 1 \\ 1 \end{bmatrix}$；

(5) 矩陣 $A + 4I$ 的特徵值為 $\lambda = 3 + 4 = 7$ 或 $\lambda = 1 + 4 = 5$，

其對應的特徵向量為 $\begin{bmatrix} 1 \\ -1 \end{bmatrix}$ 和 $\begin{bmatrix} 1 \\ 1 \end{bmatrix}$；

(6) 矩陣 A 的行列式值 $|A| = \begin{vmatrix} 2 & -1 \\ -1 & 2 \end{vmatrix} = 4 - 1 = 3$

（同 (1) 的二個特徵值的乘積）。

3.【對角線化與特徵向量】當 n 階方陣 A 有 n 個線性獨立的特徵向量時（有些方陣可能只有 $(n-1)$ 個特徵向量），則

(1) 方陣 A 可表示成 $A = PBP^{-1}$，其中方陣 P 的 n 個（直）行是由方陣 A 的 n 個獨立特徵向量組成；

(2) 方陣 B 是對角線矩陣，其對角線值是這 n 個特徵向量所對應的特徵值。

■ 說明：方陣 $A = \begin{bmatrix} a_{11} & a_{12} & a_{13} \\ a_{21} & a_{22} & a_{23} \\ a_{31} & a_{32} & a_{33} \end{bmatrix}$ 是 3×3 矩陣，若其三個特徵值與對應的三個相互獨立的特徵向量分別是：λ_1、λ_2、λ_3 和 $\vec{v}_1 = [v_{11}, v_{12}, v_{13}]^T$、$\vec{v}_2 = [v_{21}, v_{22}, v_{23}]^T$、$\vec{v}_3 = [v_{31}, v_{32}, v_{33}]^T$，則方陣 A 可表示成 $A = PBP^{-1}$ 或 $B = P^{-1}AP$，其中

$$P = \begin{bmatrix} v_{11} & v_{21} & v_{31} \\ v_{12} & v_{22} & v_{32} \\ v_{13} & v_{23} & v_{33} \end{bmatrix}、B = \begin{bmatrix} \lambda_1 & 0 & 0 \\ 0 & \lambda_2 & 0 \\ 0 & 0 & \lambda_3 \end{bmatrix}$$

例 4 在例 1 矩陣 $A=\begin{bmatrix}1 & 2\\3 & 2\end{bmatrix}$中，求使得 $P^{-1}AP$ 爲對角線的可逆矩陣 P

解　矩陣 A 的二個特徵值和其所對應的特徵向量分別為：

(1) 特徵值 $\lambda=4$ 所對應的特徵向量為 $\vec{v}=\begin{bmatrix}2\\3\end{bmatrix}$

(2) 特徵值 $\lambda=-1$ 所對應的特徵向量為 $\vec{v}=\begin{bmatrix}1\\-1\end{bmatrix}$

所以矩陣 $P=\begin{bmatrix}2 & 1\\3 & -1\end{bmatrix}\Rightarrow P^{-1}=\begin{bmatrix}\frac{1}{5} & \frac{1}{5}\\\frac{3}{5} & \frac{-2}{5}\end{bmatrix}$

其對角線矩陣 $B=P^{-1}AP=\begin{bmatrix}\frac{1}{5} & \frac{1}{5}\\\frac{3}{5} & \frac{-2}{5}\end{bmatrix}\begin{bmatrix}1 & 2\\3 & 2\end{bmatrix}\begin{bmatrix}2 & 1\\3 & -1\end{bmatrix}$

$$=\begin{bmatrix}4 & 0\\0 & -1\end{bmatrix}$$

（註：矩陣內的 4 和 −1 剛好是其特徵向量所對應的特徵值）

例 5 若矩陣 $A=\begin{bmatrix}1 & 4\\2 & 3\end{bmatrix}$，求 (a) 其所有的特徵值與對應的特徵向量，(b) 使得 $P^{-1}AP$ 爲對角線的可逆矩陣 P

解　(a) $A\vec{v}=\lambda\vec{v}$，其中 $\vec{v}=\begin{bmatrix}x\\y\end{bmatrix}$

即 $\begin{bmatrix} 1 & 4 \\ 2 & 3 \end{bmatrix}\begin{bmatrix} x \\ y \end{bmatrix} = \lambda\begin{bmatrix} x \\ y \end{bmatrix} = \begin{bmatrix} \lambda x \\ \lambda y \end{bmatrix}$

$\Rightarrow \begin{cases} x+4y=\lambda x \\ 2x+3y=\lambda y \end{cases} \Rightarrow \begin{cases} (1-\lambda)x+4y=0 \\ 2x+(3-\lambda)y=0 \end{cases} \cdots\cdots \text{(m)}$

此齊次方程組有異於 [0, 0] 解的條件是其行列式為 0

$\begin{vmatrix} 1-\lambda & 4 \\ 2 & 3-\lambda \end{vmatrix} = 0 \Rightarrow (1-\lambda)(3-\lambda)-8=0$

$\Rightarrow \lambda^2-4\lambda-5=0 \Rightarrow \lambda=5$ 或 $\lambda=-1$ 為其特徵值

(1) $\lambda=5$ 代入 (m) $\Rightarrow \begin{cases} -4x+4y=0 \\ 2x-2y=0 \end{cases} \Rightarrow x-y=0$

（y 為自由變數）

令 $y=1 \Rightarrow x=1$，所以 $\vec{v}=\begin{bmatrix} x \\ y \end{bmatrix}=\begin{bmatrix} 1 \\ 1 \end{bmatrix}$ 為其一解

也就是特徵值 $\lambda=5$ 所對應的特徵向量為 $\vec{v}=\begin{bmatrix} 1 \\ 1 \end{bmatrix}$

(2) $\lambda=-1$ 代入 (m) $\Rightarrow \begin{cases} 2x+4y=0 \\ 2x+4y=0 \end{cases} \Rightarrow x+2y=0$

（y 為自由變數）

令 $y=-1 \Rightarrow x=2$，所以 $\vec{v}=\begin{bmatrix} x \\ y \end{bmatrix}=\begin{bmatrix} 2 \\ -1 \end{bmatrix}$ 為其一解

也就是特徵值 $\lambda=-1$ 所對應的特徵向量為 $\vec{v}=\begin{bmatrix} 2 \\ -1 \end{bmatrix}$

(b) 所以矩陣 $P=\begin{bmatrix} 1 & 2 \\ 1 & -1 \end{bmatrix} \Rightarrow P^{-1}=\begin{bmatrix} \frac{1}{3} & \frac{2}{3} \\ \frac{1}{3} & \frac{-1}{3} \end{bmatrix}$

其對角線矩陣 $B = P^{-1}AP = \begin{bmatrix} \frac{1}{3} & \frac{2}{3} \\ \frac{1}{3} & \frac{-1}{3} \end{bmatrix} \begin{bmatrix} 1 & 4 \\ 2 & 3 \end{bmatrix} \begin{bmatrix} 1 & 2 \\ 1 & -1 \end{bmatrix}$

$= \begin{bmatrix} 5 & 0 \\ 0 & -1 \end{bmatrix}$

（註：矩陣內的 5 和 –1 剛好是其特徵值）

例 6 若矩陣 $A = \begin{bmatrix} 1 & -3 & 3 \\ 3 & -5 & 3 \\ 6 & -6 & 4 \end{bmatrix}$，求 (a) 其所有特徵值與對應的特徵向量，(b) 使得 $P^{-1}AP$ 爲對角線的可逆矩陣 P

解 (a) 要求 $A\vec{v} = \lambda\vec{v}$，其中 $\vec{v} = \begin{bmatrix} x \\ y \\ z \end{bmatrix}$

即 $\begin{bmatrix} 1 & -3 & 3 \\ 3 & -5 & 3 \\ 6 & -6 & 4 \end{bmatrix} \begin{bmatrix} x \\ y \\ z \end{bmatrix} = \lambda \begin{bmatrix} x \\ y \\ z \end{bmatrix} = \begin{bmatrix} \lambda x \\ \lambda y \\ \lambda z \end{bmatrix}$

$$\Rightarrow \begin{cases} x - 3y + 3z = \lambda x \\ 3x - 5y + 3z = \lambda y \\ 6x - 6y + 4z = \lambda z \end{cases} \Rightarrow \begin{cases} (1-\lambda)x - 3y + 3z = 0 \\ 3x + (-5-\lambda)y + 3z = 0 \cdots\cdots \text{(m)} \\ 6x - 6y + (4-\lambda)z = 0 \end{cases}$$

此齊次方程組有異於 [0, 0, 0] 解的條件是其行列式為 0

$$\begin{vmatrix} (1-\lambda) & -3 & 3 \\ 3 & (-5-\lambda) & 3 \\ 6 & -6 & (4-\lambda) \end{vmatrix} = 0 \Rightarrow (\lambda + 2)^2(\lambda - 4) = 0$$

$\Rightarrow \lambda = -2$ 或 $\lambda = 4$ 為其特徵值

(1) $\lambda = -2$ 代入 (m) $\Rightarrow \begin{cases} 3x - 3y + 3z = 0 \\ 3x - 3y + 3z = 0 \\ 6x - 6y + 6z = 0 \end{cases} \Rightarrow x - y + z = 0$

它有二個自由變數（y 和 z），所以有二個特徵向量

(i) 取 $y = 1, z = 0 \Rightarrow x = 1$（註：可任意取 y, z 之值）

所以 $\vec{v} = \begin{bmatrix} x \\ y \\ z \end{bmatrix} = \begin{bmatrix} 1 \\ 1 \\ 0 \end{bmatrix}$ 為其一解

(ii) 取 $y = 0, z = -1 \Rightarrow x = 1$（註：可任意取不同的 y, z 之值，但此向量和 (i) 的向量要線性獨立，即不可取 $y = 2, z = 0$）

所以 $\vec{v} = \begin{bmatrix} x \\ y \\ z \end{bmatrix} = \begin{bmatrix} 1 \\ 0 \\ -1 \end{bmatrix}$ 為其一解

也就是特徵值 $\lambda = -2$ 所對應的特徵向量為

$\vec{v} = \begin{bmatrix} 1 \\ 1 \\ 0 \end{bmatrix}$ 和 $\begin{bmatrix} 1 \\ 0 \\ -1 \end{bmatrix}$

(2) $\lambda = 4$ 代入 (m) $\Rightarrow \begin{cases} -3x - 3y + 3z = 0 \\ 3x - 9y + 3z = 0 \\ 6x - 6y = 0 \end{cases} \Rightarrow \begin{cases} x + y - z = 0 \\ x - 3y + z = 0 \\ x - y = 0 \end{cases}$

（註：特徵值所對應的特徵向量至少要有一個自由變數，所以上面的方程組是線性相依的）

$$\Rightarrow\begin{bmatrix}1&1&-1\\1&-3&1\\1&-1&0\end{bmatrix}\Rightarrow\begin{bmatrix}1&1&-1\\0&-4&2\\0&-2&1\end{bmatrix}\Rightarrow\begin{bmatrix}1&1&-1\\0&2&-1\\0&0&0\end{bmatrix}$$

$$\Rightarrow\begin{cases}x+y-z=0\\2y-z=0\end{cases}$$

它有一個自由變數 z，所以有一個特徵向量

取 $z=2\Rightarrow y=1, x=1$，

所以 $\vec{v}=\begin{bmatrix}x\\y\\z\end{bmatrix}=\begin{bmatrix}1\\1\\2\end{bmatrix}$ 為其一解

也就是特徵值 $\lambda=4$ 所對應的特徵向量為 $\vec{v}=\begin{bmatrix}1\\1\\2\end{bmatrix}$

(b) 矩陣 $P=\begin{bmatrix}1&1&1\\1&0&1\\0&-1&2\end{bmatrix}$

其對角線矩陣 $B=P^{-1}AP=\begin{bmatrix}-2&0&0\\0&-2&0\\0&0&4\end{bmatrix}$

例 7 若矩陣 $A=\begin{bmatrix}-3&1&-1\\-7&5&-1\\-6&6&-2\end{bmatrix}$，求 (a) 其所有特徵值與對應的特徵向量，(b) 使得 $P^{-1}AP$ 爲對角線的可逆矩陣 P。

解 (a) 要求 $A\vec{v}=\lambda\vec{v}$，其中 $\vec{v}=\begin{bmatrix}x\\y\\z\end{bmatrix}$

即 $\begin{bmatrix} -3 & 1 & -1 \\ -7 & 5 & -1 \\ -6 & 6 & -2 \end{bmatrix}\begin{bmatrix} x \\ y \\ z \end{bmatrix} = \lambda\begin{bmatrix} x \\ y \\ z \end{bmatrix} = \begin{bmatrix} \lambda x \\ \lambda y \\ \lambda z \end{bmatrix}$

$$\Rightarrow \begin{cases} -3x + y - z = \lambda x \\ -7x + 5y - z = \lambda y \\ -6x + 6y - 2z = \lambda z \end{cases} \Rightarrow \begin{cases} (-3-\lambda)x + y - z = 0 \\ -7x + (5-\lambda)y - z = 0 \\ -6x + 6y + (-2-\lambda)z = 0 \end{cases} \quad \cdots\cdots(\text{m})$$

此齊次方程組有異於 [0, 0, 0] 解的條件是其行列式為 0

$$\begin{vmatrix} (-3-\lambda) & 1 & -1 \\ -7 & (5-\lambda) & -1 \\ -6 & 6 & (-2-\lambda) \end{vmatrix} = 0 \Rightarrow (\lambda+2)^2(\lambda-4) = 0$$

$\Rightarrow \lambda = -2$ 或 $\lambda = 4$ 為其特徵值

(1) $\lambda = -2$ 代入 (m)$\Rightarrow \begin{cases} -x + y - z = 0 \\ -7x + 7y - z = 0 \\ -6x + 6y = 0 \end{cases} \Rightarrow \begin{cases} x - y + z = 0 \\ 7x - 7y + z = 0 \\ x - y = 0 \end{cases}$

$$\Rightarrow \begin{bmatrix} 1 & -1 & 1 \\ 7 & -7 & 1 \\ 1 & -1 & 0 \end{bmatrix} \Rightarrow \begin{bmatrix} 1 & -1 & 1 \\ 0 & 0 & -6 \\ 0 & 0 & -1 \end{bmatrix} \Rightarrow \begin{bmatrix} 1 & -1 & 1 \\ 0 & 0 & 1 \\ 0 & 0 & 0 \end{bmatrix}$$

$$\Rightarrow \begin{cases} x - y + z = 0 \\ z = 0 \end{cases}$$

它有一個自由變數 y，所以有一個特徵向量

取 $y = 1 \Rightarrow z = 0, x = 1$（註：可任意取 y 之值）

所以 $\vec{v} = \begin{bmatrix} x \\ y \\ z \end{bmatrix} = \begin{bmatrix} 1 \\ 1 \\ 0 \end{bmatrix}$ 為其一解

也就是特徵值 $\lambda=-2$ 所對應的特徵向量為 $\vec{v}=\begin{bmatrix}1\\1\\0\end{bmatrix}$

(2) $\lambda=4$ 代入 (m) $\Rightarrow\begin{cases}-7x+y-z=0\\-7x+y-z=0\\-6x+6y-6z=0\end{cases}\Rightarrow\begin{cases}7x-y+z=0\\x-y+z=0\end{cases}$

$\Rightarrow\begin{cases}7x-y+z=0\\y-z=0\end{cases}$

它有一個自由變數 z，所以有一個特徵向量

取 $z=1\Rightarrow y=1, x=0$，

所以 $\vec{v}=\begin{bmatrix}x\\y\\z\end{bmatrix}=\begin{bmatrix}0\\1\\1\end{bmatrix}$ 為其一解

也就是特徵值 $\lambda=4$ 所對應的特徵向量為 $\vec{v}=\begin{bmatrix}0\\1\\1\end{bmatrix}$

(b) 因矩陣 A 只有二個獨立的特徵向量，無法產生 P 矩陣（P 為 3×3 矩陣）

例 8 若 $T：R^3\rightarrow R^3$，且定義

$T(x, y, z)=[2x+y, y-z, 2y+4z]$，

求 (a) 其所有特徵值與對應的特徵向量；

(b) 使得 $P^{-1}AP$ 爲對角線的可逆矩陣 P。

解 (a) $T=\begin{bmatrix}2&1&0\\0&1&-1\\0&2&4\end{bmatrix}$ 要求 $T\vec{v}=\lambda\vec{v}$，其中 $\vec{v}=\begin{bmatrix}x\\y\\z\end{bmatrix}$

即 $\begin{bmatrix} 2 & 1 & 0 \\ 0 & 1 & -1 \\ 0 & 2 & 4 \end{bmatrix}\begin{bmatrix} x \\ y \\ z \end{bmatrix} = \lambda\begin{bmatrix} x \\ y \\ z \end{bmatrix}$

$$\Rightarrow \begin{cases} 2x + y = \lambda x \\ y - z = \lambda y \\ 2y + 4z = \lambda z \end{cases} \Rightarrow \begin{cases} (2-\lambda)x + y = 0 \\ (1-\lambda)y - z = 0 \\ 2y + (4-\lambda)z = 0 \end{cases} \cdots\cdots(\mathrm{m})$$

此齊次方程組有異於 [0, 0, 0] 解的條件是其行列式為 0

$$\begin{vmatrix} (2-\lambda) & 1 & 0 \\ 0 & (1-\lambda) & -1 \\ 0 & 2 & (4-\lambda) \end{vmatrix} = 0 \Rightarrow (\lambda-2)^2(\lambda-3) = 0$$

$\Rightarrow \lambda = 2$ 或 $\lambda = 3$ 為其特徵值

(1) $\lambda = 2$ 代入 (m) $\Rightarrow \begin{cases} y = 0 \\ -y - z = 0 \\ 2y + 2z = 0 \end{cases} \Rightarrow \begin{cases} y = 0 \\ y + z = 0 \end{cases} \Rightarrow \begin{cases} y = 0 \\ z = 0 \end{cases}$

它有一個自由變數 x，所以有一個特徵向量

取 $x = 1 \Rightarrow y = 0, z = 0$

所以 $\vec{v} = \begin{bmatrix} x \\ y \\ z \end{bmatrix} = \begin{bmatrix} 1 \\ 0 \\ 0 \end{bmatrix}$ 為其一解

也就是特徵值 $\lambda = 2$ 所對應的特徵向量為 $\vec{v} = \begin{bmatrix} 1 \\ 0 \\ 0 \end{bmatrix}$

(2) $\lambda = 3$ 代入 (m) $\Rightarrow \begin{cases} -x + y = 0 \\ -2y - z = 0 \\ 2y + z = 0 \end{cases} \Rightarrow \begin{cases} x - y = 0 \\ 2y + z = 0 \end{cases}$

它有一個自由變數 z，所以有一個特徵向量

取 $z = -2 \Rightarrow y = 1, x = 1$，

所以 $\vec{v} = \begin{bmatrix} x \\ y \\ z \end{bmatrix} = \begin{bmatrix} 1 \\ 1 \\ -2 \end{bmatrix}$ 為其一解

也就是特徵值 $\lambda = 4$ 所對應的特徵向量為 $\vec{v} = \begin{bmatrix} 1 \\ 1 \\ -2 \end{bmatrix}$

(b) 因矩陣 T 只有二個獨立的特徵向量，無法產生 P 矩陣（P 為 3×3 矩陣）

4.【相似矩陣】(1) 若方陣 A 和 B 可表示成 $A = PBP^{-1}$，則方陣 A 和 B 稱爲相似矩陣（Similarity matrix）；

(2) 若 $A = PBP^{-1}$，則 $A^n = (PBP^{-1})^n = PBP^{-1} \cdot PBP^{-1} \cdots PBP^{-1}$

$$= PB(P^{-1} \cdot P)B(P^{-1} \cdot P)B \cdots B(P^{-1} \cdot P)BP^{-1} = PB^nP^{-1}$$

(3) 若方陣 A 是對角線矩陣，即 $A = \begin{bmatrix} a & 0 & 0 & 0 \\ 0 & b & 0 & 0 \\ 0 & 0 & \cdots & 0 \\ 0 & 0 & 0 & d \end{bmatrix}$，

則 $A^n = \begin{bmatrix} a^n & 0 & 0 & 0 \\ 0 & b^n & 0 & 0 \\ 0 & 0 & \cdots & 0 \\ 0 & 0 & 0 & d^n \end{bmatrix}$

例 9 由例 4 知，矩陣 $A = \begin{bmatrix} 1 & 2 \\ 3 & 2 \end{bmatrix}$ 的二個特徵值和其所對應

的特徵向量分別爲：$\lambda = 4$，$\vec{v} = \begin{bmatrix} 2 \\ 3 \end{bmatrix}$和$\lambda = -1$，$\vec{v} = \begin{bmatrix} 1 \\ -1 \end{bmatrix}$，求 A^{100}

解 矩陣 $P = \begin{bmatrix} 2 & 1 \\ 3 & -1 \end{bmatrix} \Rightarrow P^{-1} = \begin{bmatrix} \frac{1}{5} & \frac{1}{5} \\ \frac{3}{5} & \frac{-2}{5} \end{bmatrix}$，且 $B = \begin{bmatrix} 4 & 0 \\ 0 & -1 \end{bmatrix}$

$$A = PBP^{-1} \Rightarrow A^{100} = (PBP^{-1})^{100} = PB^{100}P^{-1}$$

$$= \begin{bmatrix} 2 & 1 \\ 3 & -1 \end{bmatrix} \begin{bmatrix} 4 & 0 \\ 0 & -1 \end{bmatrix}^{100} \begin{bmatrix} \frac{1}{5} & \frac{1}{5} \\ \frac{3}{5} & \frac{-2}{5} \end{bmatrix}$$

$$= \frac{1}{5} \begin{bmatrix} 2 & 1 \\ 3 & -1 \end{bmatrix} \begin{bmatrix} 4^{100} & 0 \\ 0 & (-1)^{100} \end{bmatrix} \begin{bmatrix} 1 & 1 \\ 3 & -2 \end{bmatrix}$$

$$= \frac{1}{5} \begin{bmatrix} 2 \cdot 4^{100} & 1 \\ 3 \cdot 4^{100} & -1 \end{bmatrix} \begin{bmatrix} 1 & 1 \\ 3 & -2 \end{bmatrix}$$

$$= \frac{1}{5} \begin{bmatrix} 2 \cdot 4^{100} + 3 & 2 \cdot 4^{100} - 2 \\ 3 \cdot 4^{100} - 3 & 3 \cdot 4^{100} + 2 \end{bmatrix}$$

5.【特徵矩陣、特徵多項式、特徵方程式】若 n 階方陣

$$A = \begin{bmatrix} a_{11} & a_{12} & \cdots & a_{1n} \\ a_{21} & a_{22} & \cdots & a_{2n} \\ \cdots & \cdots & \cdots & \cdots \\ a_{n1} & a_{n2} & \cdots & a_{nn} \end{bmatrix}，則$$

(1) 矩陣 $\lambda I_n - A = \begin{bmatrix} \lambda - a_{11} & -a_{12} & \cdots & -a_{1n} \\ -a_{21} & \lambda - a_{22} & \cdots & -a_{2n} \\ \cdots & \cdots & \cdots & \cdots \\ -a_{n1} & -a_{n2} & \cdots & \lambda - a_{nn} \end{bmatrix}$稱爲矩陣 A 的特徵矩陣（其中 I_n 爲 n 階單位方陣，λ 是變數）；

(2) 行列式 $\Delta_A(\lambda) = \det(\lambda I_n - A)$ 展開後是 λ 的多項式，稱爲矩陣 A 的特徵多項式。其展開後爲 λ 的 n 次多項式，且 λ^n 的係數是 1；

(3) 行列式 $\Delta_A(\lambda) = \det(\lambda I_n - A) = 0$，稱爲 A 的特徵方程式；

(4) 相似矩陣具有相同的特徵多項式；

(5) 若 A 和 B 是相似矩陣，則其行列式值相同，

即 $|A| = |B|$。

證明：$A = PBP^{-1} \Rightarrow |A| = |PBP^{-1}| = |P||B||P^{-1}|$

又 $PP^{-1} = I \Rightarrow |PP^{-1}| = 1 \Rightarrow |P| = \dfrac{1}{|P^{-1}|}$

所以 $|A| = |B|$

例 10 若矩陣 A 的特徵值是 $-2, -2, 4$，且其對角線的可逆矩陣 P 存在，求 $|A|^{10}$。

解 設 $B = \begin{bmatrix} -2 & 0 & 0 \\ 0 & -2 & 0 \\ 0 & 0 & 4 \end{bmatrix}$

因 A 和 B 是相似矩陣，則其行列式值相同，

即 $|A| = |B|$。

所以 $|A|^{10} = |B|^{10} = \begin{vmatrix} -2 & 0 & 0 \\ 0 & -2 & 0 \\ 0 & 0 & 4 \end{vmatrix}^{10} = 16^{10}$

例 11 求矩陣 $A = \begin{bmatrix} 1 & 3 & 0 \\ -2 & 2 & -1 \\ 4 & 0 & -2 \end{bmatrix}$ 的特徵多項式

解 特徵多項式 $\Delta_A(\lambda) = \det(\lambda I_n - A)$

$$= \begin{vmatrix} \lambda - 1 & -3 & 0 \\ 2 & \lambda - 2 & 1 \\ -4 & 0 & \lambda + 2 \end{vmatrix} = \lambda^3 - \lambda^2 + 2\lambda + 28$$

> 6.【卡萊—罕米吞定理】方陣 A 的特徵多項式 $\Delta_A(\lambda) = \det(\lambda I_n - A)$，若此多項式的變數 λ 用方陣 A 代入，其結果一定是 0，即 $\Delta_A(A) = 0$，此性質爲卡萊—罕米吞定理（Caley-Hamilton theorem）

例 12 求矩陣 $A = \begin{bmatrix} 1 & 2 \\ 3 & 2 \end{bmatrix}$ 的特徵多項式 $f(\lambda)$ 和 $f(A)$？

解 (1) 特徵多項式 $f(\lambda) = \det(\lambda I_n - A) = \begin{vmatrix} \lambda - 1 & -2 \\ -3 & \lambda - 2 \end{vmatrix} = \lambda^2 - 3\lambda - 4$

(2) $f(A) = A^2 - 3A - 4I_2 = \begin{bmatrix} 1 & 2 \\ 3 & 2 \end{bmatrix}^2 - 3\begin{bmatrix} 1 & 2 \\ 3 & 2 \end{bmatrix} - 4\begin{bmatrix} 1 & 0 \\ 0 & 1 \end{bmatrix} = \begin{bmatrix} 0 & 0 \\ 0 & 0 \end{bmatrix}$

符合卡萊—罕米吞定理

練習題

1. 若下列矩陣的 (a) 所有特徵值與其對應的特徵向量，(b) 使得 $P^{-1}AP$ 爲對角線的可逆矩陣 P

   (1) $A = \begin{bmatrix} 2 & 2 \\ 1 & 3 \end{bmatrix}$；(2) $A = \begin{bmatrix} 4 & 2 \\ 3 & 3 \end{bmatrix}$；(3) $A = \begin{bmatrix} 5 & -1 \\ 1 & 3 \end{bmatrix}$；

   答：(a) (1) $\lambda_1 = 1$，$\vec{v}_1^T = [2, -1]$；$\lambda_2 = 4$，$\vec{v}_2^T = [1, 1]$；

$$P=\begin{bmatrix}2 & 1\\ -1 & 1\end{bmatrix}$$

(2) $\lambda_1=1$，$\vec{v}_1^T=[2,-3]$；$\lambda_2=6$，$\vec{v}_2^T=[1,1]$；

$$P=\begin{bmatrix}2 & 1\\ -3 & 1\end{bmatrix}$$

(3) $\lambda_1=4$，$\vec{v}_1^T=[1,1]$；P 不存在

2. 若下列矩陣的 (a) 所有特徵值與其對應的特徵向量，(b) 使得 $P^{-1}AP$ 為對角線的可逆矩陣 P

(1) $A=\begin{bmatrix}3 & 1 & 1\\ 2 & 4 & 2\\ 1 & 1 & 3\end{bmatrix}$；(2) $B=\begin{bmatrix}1 & 2 & 2\\ 1 & 2 & -1\\ -1 & 1 & 4\end{bmatrix}$；(3) $C=\begin{bmatrix}1 & 1 & 0\\ 0 & 1 & 0\\ 0 & 0 & 1\end{bmatrix}$；

答：(1) $\lambda_1=2$，$\vec{v}_1^T=[1,-1,0]$、$\vec{v}_2^T=[1,0,-1]$；

$\lambda_2=6$，$\vec{v}_3^T=[1,2,1]$；

$$P=\begin{bmatrix}1 & 1 & 1\\ -1 & 0 & 2\\ 0 & -1 & 1\end{bmatrix}$$

(2) $\lambda_1=3$，$\vec{v}_1^T=[1,1,0]$、$\vec{v}_2^T=[1,0,1]$；

$\lambda_2=1$，$\vec{v}_3^T=[2,-1,1]$；

$$P=\begin{bmatrix}1 & 1 & 2\\ 1 & 0 & -1\\ 0 & 1 & 1\end{bmatrix}$$

(3) $\lambda_1=1$，$\vec{v}_1^T=[1,0,0]$、$\vec{v}_2^T=[0,0,1]$；P 不存在

3. 若 $T: R^3\rightarrow R^3$，且 T 定義如下，求所有特徵值與其對應的特徵向量空間的基底

(1) $T(x,y,z)=[x+y+z,\ 2y+z,\ 2y+3z]$；

(2) $T(x, y, z) = [x + y, y + z, -2y - z]$；

(3) $T(x, y, z) = [x - y, 2x + 3y + 2z, x + y + 2z]$；

答：(1) $\lambda_1 = 1$，$\vec{v}_1^T = [1, 0, 0]$；$\lambda_2 = 4$，$\vec{v}_2^T = [1, 1, 2]$；

(2) $\lambda_1 = 1$，$\vec{v}_1^T = [1, 0, 0]$；（在 R 內只有一個特徵值）

(3) $\lambda_1 = 1$，$\vec{v}_1^T = [1, 0, -1]$，$\lambda_2 = 2$，$\vec{v}_3^T = [2, -2, -1]$；

$\lambda_3 = 3$，$\vec{v}_3^T = [1, -2, -1]$

4. 求下列矩陣的特徵多項式？

(1) $A = \begin{bmatrix} 3 & -7 \\ 4 & 5 \end{bmatrix}$，(2) $B = \begin{bmatrix} 5 & -1 \\ 8 & 3 \end{bmatrix}$，(3) $C = \begin{bmatrix} 2 & 3 & -2 \\ 0 & 5 & 4 \\ 1 & 0 & -1 \end{bmatrix}$

答：(1) $f(\lambda) = \lambda^2 - 8\lambda + 43$；

(2) $f(\lambda) = \lambda^2 - 8\lambda + 23$；

(3) $f(\lambda) = \lambda^3 - 6\lambda^2 + 5\lambda - 12$

5. 若 2×2 矩陣 A 的二個特徵值分別是 1 和 –2，求下列矩陣的特徵值

(1) A^3

(2) A^{-2}

(3) $A + 3I_2$（I_2 是 2×2 的單位矩陣）

(4) –2A

答：(1)1, –8；(2)1, 1/4；(3)4, 1；(4)–2, 4

6. 設 $EFG = H$，其中

$$E = \begin{bmatrix} 2 & 0 \\ 0 & 1 \\ 0 & -1 \end{bmatrix}, G = \begin{bmatrix} 1 & -2 & 1 \\ 4 & 3 & -2 \end{bmatrix}, H = \begin{bmatrix} 8 & 6 & -4 \\ 6 & -1 & 0 \\ -6 & 1 & 0 \end{bmatrix},$$

(1) 求矩陣 F

(2) 求矩陣 F 的特徵值和特徵向量

(3) 找出矩陣 P 使將矩陣 F 對角線化

(4) 求 F^{100}

答：(1) $F=\begin{bmatrix}0 & 1\\ 2 & 1\end{bmatrix}$；

(2) 特徵值 $=-1, 2$；特徵向量 $=\begin{bmatrix}-1\\ 1\end{bmatrix}$、$\begin{bmatrix}1\\ 2\end{bmatrix}$；

(3) $P=\begin{bmatrix}-1 & 1\\ 1 & 2\end{bmatrix}$；(4) $\frac{1}{3}\begin{bmatrix}2^{100}+2 & 2^{100}-1\\ 2^{101}-2 & 2^{101}+1\end{bmatrix}$

7. 求矩陣 $A=\begin{bmatrix}1 & -1 & 0 & 0\\ -1 & 0 & 1 & 0\\ 0 & 1 & 1 & 0\\ 0 & 0 & 0 & 3\end{bmatrix}$ 的特徵值

答：特徵值 $=-1, 1, 2, 3$

8. 設矩陣 $A=\begin{bmatrix}4 & 2\\ 1 & 3\end{bmatrix}$，$B=\begin{bmatrix}2 & 1\\ 1 & 3\end{bmatrix}$ 且 $\vec{x}\neq\vec{0}$，求 $A\vec{x}=\lambda B\vec{x}$ 的 λ 值

答：$\lambda=1$ 或 2

9. 矩陣 $A=\begin{bmatrix}0 & 0 & -2\\ 1 & 2 & 1\\ 1 & 0 & 3\end{bmatrix}$，(1) 求 A 的特徵值與特徵向量

(2) 求矩陣 P，使得 $P^{-1}AP$ 爲對角化矩陣

答：(1) 特徵值 $=1, 2, 2$；特徵向量 $=\begin{bmatrix}-2\\ 1\\ 1\end{bmatrix}$、$\begin{bmatrix}-1\\ 0\\ 1\end{bmatrix}$、$\begin{bmatrix}0\\ 1\\ 0\end{bmatrix}$

(2) $P=\begin{bmatrix}-2 & -1 & 0\\ 1 & 0 & 1\\ 1 & 1 & 0\end{bmatrix}$

10. 矩陣 $A=\begin{bmatrix}2 & -1\\ -2 & 3\end{bmatrix}$，

(1) 求 A 的特徵值與特徵向量

(2) 求矩陣 P，使得 $P^{-1}AP$ 爲對角化矩陣

(3) 求 A^6 和 $f(A)$，其中 $f(t)=t^4-5t^3+7t^2-2t+5$

答：(1) 特徵值 $=1, 4$；特徵向量 $=\begin{bmatrix}1\\ 1\end{bmatrix}$、$\begin{bmatrix}-1\\ 2\end{bmatrix}$

(2) $P=\begin{bmatrix}1 & -1\\ 1 & 2\end{bmatrix}$；

(3) $A^6=\begin{bmatrix}1366 & -1365\\ -2730 & 2731\end{bmatrix}$，$f(A)=\begin{bmatrix}19 & -13\\ -26 & 32\end{bmatrix}$

11. 求矩陣 $A=\begin{bmatrix}2 & 8\\ 0 & 4\end{bmatrix}$的相似（similar）對角矩陣

答：$\begin{bmatrix}2 & 0\\ 0 & 4\end{bmatrix}$

12. 設 $F: P\rightarrow P$，且 $F(a_0+a_1x+a_2x^2)=2(a_1-a_2)+(2a_0+3a_2)x+3a_2x^2$

求：(1) 若 $A=\{1, x, x^2\}$ 是 P 的一個基底，找出 F 轉換的係數矩陣 M

(2) 求矩陣 M 的特徵值和特徵向量

答：(1) $\begin{bmatrix} 0 & 2 & -2 \\ 2 & 0 & 3 \\ 0 & 0 & 3 \end{bmatrix}$；

(2) 特徵值 = –2, 2, 3、特徵向量 $\begin{bmatrix} -1 \\ 1 \\ 0 \end{bmatrix}$、$\begin{bmatrix} 1 \\ 1 \\ 0 \end{bmatrix}$、$\begin{bmatrix} 0 \\ 1 \\ 1 \end{bmatrix}$

13. 設 $T: R^3 \to R^3$，且

$T(x_1, x_2, x_3) = [x_1 - 2x_2 + 2x_3, -3x_1 + 4x_2, -3x_1 + x_2 + 3x_3]$

求：(1) 此轉換的係數矩陣 $[T]$

(2) 向量 $\vec{v} = [-2,1,3]$ 經此轉換所對應到的值

(3) 若將矩陣 $[T]$ 表成矩陣 A，求矩陣 A 的特徵值和特徵向量

(4) 求矩陣 P，使得 $P^{-1}AP$ 爲對角化矩陣；

(5) 求 A^5。

答：(1) $\begin{bmatrix} 1 & -2 & 2 \\ -3 & 4 & 0 \\ -3 & 1 & 3 \end{bmatrix}$；(2) [2, 10, 16]；

(3) 特徵值 = 1, 3, 4、特徵向量 = $\begin{bmatrix} 1 \\ 1 \\ 1 \end{bmatrix}$、$\begin{bmatrix} 1 \\ 3 \\ 4 \end{bmatrix}$、$\begin{bmatrix} 0 \\ 1 \\ 1 \end{bmatrix}$；

(4) $P = \begin{bmatrix} 1 & 1 & 0 \\ 1 & 3 & 1 \\ 1 & 4 & 1 \end{bmatrix}$；(5) $\begin{bmatrix} 1 & -242 & 242 \\ -1023 & 2344 & -1320 \\ -1023 & 2101 & -1077 \end{bmatrix}$；

國家圖書館出版品預行編目資料

第一次學工程數學就上手．3，線性代數／林振義著．——三版．——臺北市：五南圖書出版股份有限公司，2024.07
面；　公分
ISBN 978-626-393-456-6（平裝）

1.CST：工程數學

440.11　　113008633

5BEA

第一次學工程數學就上手(3)—線性代數

作　　者— 林振義（130.6）
發 行 人— 楊榮川
總 經 理— 楊士清
總 編 輯— 楊秀麗
副總編輯— 王正華
責任編輯— 金明芬、張維文
封面設計— 王麗娟、封怡彤
出 版 者— 五南圖書出版股份有限公司
地　　址：106台北市大安區和平東路二段339號4樓
電　　話：(02)2705-5066　　傳　　真：(02)2706-6100
網　　址：https://www.wunan.com.tw
電子郵件：wunan@wunan.com.tw
劃撥帳號：01068953
戶　　名：五南圖書出版股份有限公司

法律顧問　林勝安律師

出版日期　2020年1月初版一刷
　　　　　2021年10月二版一刷
　　　　　2024年7月三版一刷
定　　價　新臺幣320元